クモのイト
京都女子大学教授・クモ博士
中田兼介
ミシマ
MISHIMASHA

クモのイト

京都女子大学教授・クモ博士
中田兼介

ミシマ社

はじめに

この世界は生き物のものです。春の草原、潮の引いた岩場、月夜の森、光差し込む浅い海。どこもそれぞれのやり方で暮らす生き物で満ちあふれています。中には、かろうじて長らえているような不器用なものもいますが、私たちの目に映る多くは、繁栄して世界中で見られるようになったものたちです。

クモは、そんな成功した生き物の一つ。陸上のあらゆるところに棲んでいます。森や草原はもちろん、砂漠、土の中、河辺や砂浜、家の中まで。それだけではありません。鳥や昆虫とはまったく違うやり方で空を飛びますし、水の中に棲むものもいます。

私たち人間にとっても身近な存在です。言い伝えに「朝のクモは殺すな」というものがあるように、昔の日本人はクモをありがたがっていました。家の守り神とみなしていたのです。『古今和歌集』には、クモは誰かが訊ねてくる前触れだとする歌が収められています。

また、芥川龍之介の『蜘蛛の糸』のように小説に取りあげられたり、現代でも六本木ヒルズに巨大なクモのオブジェが置かれていたり、「スパイダーマン」のようにスーパーヒーローになったりしています。

ちなみに、スパイダーマンのキャッチフレーズは「親愛なる隣人」。人間離れしたヒーローたち（超人だから当たり前なのですが）の世界の中で、身近で親しみのあるキャラクターとして人気を博しています。

私は、動物行動学者です。動物の行動の謎を解き明かそうと研究している人は世界中にたくさんいて、私もその一人。ですが動物といってもいろいろいて、一人ですべての種類を扱うことはできません。ですから、それぞれ自分の得意なタイプの動物をもっています。私の場合、それがクモです。日々彼女ら彼らの行動を眺めています。

私の勤め先は京都にある女子大で、研究室ではクモを飼ったりします。アクリル板で作った大きな飼育ケースをデスクの前に並べて、野外で捕まえてきたクモを放り込み、どんな行動をするのかニヤニヤ見ています。いろいろちょっかいをかけてやることもあって、彼女たちが反応してどんな網（あみ）を張るのか観察します。

なぜ彼ではなくて彼女かというと、オスは大人になると網を張らなくなり、エサも食べずにメスを探して子作りに全精力を注ぎ込むからです。クモは他の動物をエサにする肉食動物ですが、異性にも猛烈に肉食性なのです。ちなみに、クモの巣、とよくいいますが、そのなかでエサをとる働きをもつものを、棲むためだけの巣と区別するために、「網」と呼びます。

ところで、昨今の大学は講義や研究以外にこなさなければならないことが爆増していて、油断しているとすぐ仕事が降ってきて首が回らなくなります。そんな中、研究室でクモを飼っていると、よいことがあります。まわりの人が、あそこの研究室にはクモがいるから行きたくないわ、と思ってくれるのです。人が来なければ仕事も降ってきません。ほら、やっぱりクモは守り神です。

女子大勤めで、虫嫌いの学生たちの悲鳴と日々戦っている私としては、クモが苦手な人が世の中に少なからずいることを、認めざるをえません。というか、人の世で暮らしていて「クモが大好きだ」という人に出会うことは滅多にありません。中には嗜み(たしな)として怖がってみせるだけの人もいると踏んでいるのですが、残念ながら人間のクモを恐れる気持ちには先天的な部分があるようです。なにせクモのなんたるかをまったく知らない**生後半年の赤ん坊でも、クモの絵を見せられると、瞳孔(どうこう)が開きストレス反応を示す**のですから……。

他にも、初対面の人に「クモの研究をしています」と自己紹介すると、一瞬の沈黙をもって受け止められたり、気持ち悪く感じる人がいるから、と、人間に直接の害を与えるわけでもないのに害虫扱いされたり、クモはお世辞にもよい扱いを受けているとは言えません。私の研究室ではクモが逃げないようキッチリ閉じ込めて飼っているのですが、それでも近づいてこない人が出てくるわけです。

でも、たまに勇気のある人が研究室をノックして、おそるおそる開けたドアの隙間から、書類の束を差し込んだかと思うと、逃げるように帰っていくことがあります。あー、待って、そんなに怖がらなくてもいいんですよ、と、処理しなければならない仕事の山を渡された私は呆然とします。こんなにかわいらしいクモたちなのに。

私がクモと出会って研究を始めるようになったのは二十代も終わりの頃でした。たまたま大学の植物園を散歩していたときです。銀色に美しく光る丸々と太ったからだに、短い脚(あし)を折り畳(たた)んで添わせ、目の細かい美しい網の真ん中にちょこんと座った小さなクモに出くわしました。そして、そのかわいらしさに参ってしまったのです。

その頃の私は、アリがどうやって社会を回していくかの研究を五年間続けて、やっと博士号をもらったばかり。クモといえば、大きくて柔らかそうなお腹に派手な色をまとい、折れやすそうな細長い脚を八方に伸ばした生き物、というお決まりのイメージしかもっていませんでした。

そこに、まったく違うぃでたちのクモが現れたのです。不意打ちでした。予想もしないことを突然されると、つい相手の意思を受け入れてしまうことは誰しもあるのではないかと思うのですが(少なくとも私はそうです)、このときの私もそうでした。それに、ちょうどアリの研究も一段落したし、なんでもいいから新しいことに取り組みたいと思っていたところだったので、これも何かの縁、とクモについて勉強し始めました。

するとこれが面白いわけです。何も考えていない取るに足らない虫だと思っていたクモが、日々いろいろな工夫をしてエサをとっている。そして身近にいる生き物なのに、わかっていないことがたくさんある。ので自分でも研究など始めてみます。するとまたいろいろなことがわかってきます。直感が確信に変わっていきます。知れば知るほど、この生き物が好きになる。十八世紀から十九世紀にかけてのイギリスの詩人、ウィリアム・ワーズワースの言葉に「真の知識は愛に導く」というものがありますが、それを地でいきました。

ですから、私に仕事を振って矢のように消えた人も、私の研究テーマを聞くととりあえず悲鳴を上げてみる女子学生も、クモのことを知ってくれれば、振る舞いが変わると思うのです。

私はいたって真面目に言っています。ちゃんと根拠があるのです。映画「スパイダーマン」（サム・ライミ版）に、研究室を見学している主人公の上に現れるクモ、というシーンがあります。わずか七秒のその動画を見るだけで、クモへの恐怖心が和らいだ、という心理学の研究が行われているのです。

クモ嫌いは食わず嫌い。こう考える人は世界中にいて、世界トップレベルのクモ学者の皆さんが、八本脚の魅力を伝えようとサイエンスカフェやワークショップなどを開いています。そして、人との間に微妙な距離感のあるクモだからこそ、こういう活動が必要なのだ、と話されます。

クモの魅力とは何でしょう？　クジラのように大きくもない。鳥のように美しく鳴くわけでもない。イヌのように懐（なつ）くわけでもない。魚のように美味しいわけでもない。クワガタのようにカッコよくもない。

私が思うに、**クモの魅力は、その賢さと複雑さにあります**。クモは他の動物を襲って生きている捕食者です。うまくエサを捕（と）らえるために、糸を使ってワナを仕掛けたり、オトリを使っておびき寄せたり。多彩な技を繰り出すため、経験から学び、未来を予測して柔軟に生き方を変えていきます。その様子を見ていると、クモに意図があるように思えてきます。この世界はクモの意図に満ちあふれているのかも。

そんなクモには、私たち人間と重なる部分もありますし、よく似ているようでまったく異質な部分もあります。ですから、ずっと見ていると、自分たち人間の生き方が決して唯一絶対のものではなく、実はいろんな可能性の一つに過ぎなかったんだと気づかされます。この信じて疑っていなかった世界が崩壊するような感覚を覚える瞬間は、一度体験すると病みつきです。私にとってクモの魅力はここにあります。

こんなに身近なのに、敬して遠ざけられているクモ。この微妙な距離感を少しでも詰めてもらいたい。そう思ってこの本を書きました。

この本では、まず、クモが私たち人間とどう関わってきたのかをお話しし、そしてクモとはどういう生き物かを語ります。後半のテーマは、クモの生き方について、人間とどう似ていてどう違っているか、です。この本を読んで、クモのことを憎からず思ってくれる人が増えればよいなあ、と願っています。

ちなみに、私の職場では、布教活動が功を奏しているのか、最近は研究室を訪ねてくる人も増え、私の机の上にはさばかなきゃならない書類の山が積み上がっています。ああ……。

クモのイト　目次

この本に出てくる主なクモたち

セアカゴケグモ

言わずとしれた外来種で、噛まれると毒でひどい目に遭うクモ。交接したオスが自らメスの餌になるようからだを投げ出す。

棲んでいる場所：ほぼ日本全土で、自動販売機の下のように庇がある低い場所に網を作る。
大きさ：メス 7-10mm、オス 4-5mm

ジョロウグモ

前後に防御用の糸を張り巡らせた目の細かい円い網を張る大型のクモ。9月頃成熟して繁殖する秋のクモ。

棲んでいる場所：本州以南の、住宅地から森の中までいたるところに見られる。
大きさ：メス 20-30mm、オス 6-10mm

ギンメッキゴミグモ

円い網で頭を上に向けてとまる。からだの色模様が個体によって違っている。交接時にオスがメスの交尾器を破壊する。

棲んでいる場所：本州・四国・九州の竹林や林縁のように少し光の差し込む環境に多い。
大きさ：メス 4-7mm、オス 3-4mm

オニグモ

夜に大きな円い網を張り、昼は網をたたんで隠れている夜行性のクモ。からだの色模様が個体によって違っている。

棲んでいる場所：日本全土の、人家周辺も含む様々な場所で見られる。
大きさ：メス 20-30mm、オス 15-20mm

THE MAIN SPIDERS THAT APPEAR

コモリグモ＊（ウヅキコモリグモ）

メスが卵のうを腹部にくっつけて持ち運んで守る。卵から孵った子グモたちはお母さんの腹部にしがみついてしばらく暮らす。

棲んでいる場所：沖縄を除く日本全土で、草地などで走り回っているのが見られる。
大きさ：メス 6-10mm、オス 5-9m

コガネグモ

網を張るタイプ

大型でX字状の白い飾りがつくことのある円い網を張る。7月から8月に成体が見られる夏のクモ。近年は数が減っている。

棲んでいる場所：本州以南の、草原など日当たりのよい環境に多い。
大きさ：メス 20-30mm、オス 5-7mm

ハエトリグモ＊（ミスジハエトリ）

アダンソンハエトリとならんで家の中でよく見られるハエトリグモの1種。オスは派手な模様をもつが、メスは地味。

棲んでいる場所：日本全土で、人家の壁などをよく歩いている。
大きさ：メス 8-9mm、オス 6-7mm

カニグモ＊（コハナグモ）

植物の上で、花を訪れる昆虫を、脚を大きくひろげてまちぶせる。頭胸部と脚が緑色で美しい。

棲んでいる場所：日本全国の草地。
大きさ：メス 4-6mm、オス 3-4mm

＊多くの種類を含むグループの名前。ここではその中の1つの種類を取り上げて説明しています。

第1章

クモと人間の不思議な関係

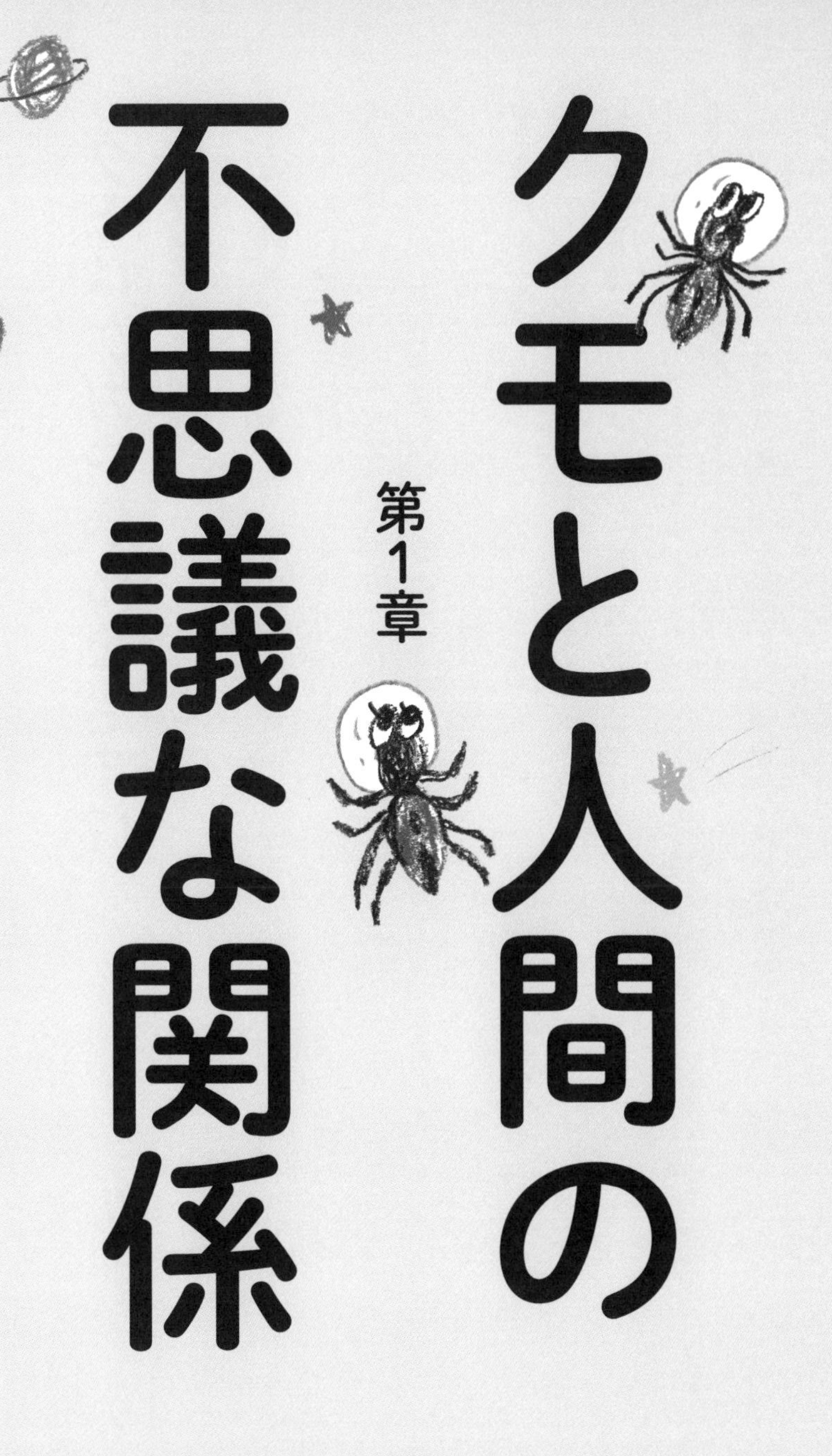

クモはケガや病気を治す!?

私たち人間は、歴史が始まって以来ずっと、暮らしをよくするためにクモのもつ優れた力を使おうとしてきました。

たとえば医療の世界です。ヨーロッパやインドでは、出血を止めたり軽いケガを治すのに、クモの網を傷口に押し付ける地域があるそうです。またシェイクスピアの『真夏の夜の夢』の中に、クモを使っていたことを思わせる一節がありますし、古代ギリシャやローマの兵士が止血のためにクモの網を使っていたという話も伝わっています。

面白いことに、現在でもこれはただの迷信だとは考えられておらず、網の糸を入れた軟膏(なんこう)を作ってケガをしたところに塗ってみたり、糸のタンパク質で傷を覆(おお)う膜を作って治りが速くなるか試してみたりと大真面目に研究が行われています。

クモの毒を宝の山にしようという研究も進められています。「毒」といってしまいましたが、ある物質が「毒」と呼ばれるのは、生き物のからだに入ったときによくない働きをするからです。同じ物質がよい働きをすれば、それは「薬」と呼ばれます。

たとえば、薬草に含まれる薬効成分の中には、植物が昆虫に葉っぱなどを食べられないよう身を守るために作り出した化学物質が数多くあります。これは、昆虫にとっては「毒」ですが、私たちにとっては「薬」だという例です。動物の「毒」も薬になっていて、たとえば、イモガイという貝の毒から鎮痛剤が作られています。

そこでクモです。クモはからだのつくりが違ういろいろな種類のエサを相手にします。ときには自分よりずっと大きいエサを捕まえることがあり、こういうときは相手の動きをすぐに止めてやらなければなりません。

クモの毒は、タンパク質や、アミノ酸がいくつかつながったペプチドや、もっと小さな分子が何種類も混じり合ったものになっていて、幅広い種類のエサに素早く効くようになっていますが、一つひとつの物質が生き物、とくに私たちのからだでどのような働きをするかはまだよくわかっていません。中には、病気を予防したり治してくれたり、体調を整えて元気にしてくれたりするものもきっとあることでしょう。

クモの糸で魚を釣る

クモの糸は魚を捕るときにも使われています。

私は先日、ニュージーランドで開催された国際蜘蛛学会議なるものに参加してきました。これは、世界中のクモ学者が研究成果を発表したり、まだ発表まではまとまっていないようなネタを情報交換したり、交流を深めたりするための催しで、三年ぶりの開催だったこのときは二〇〇人ほどが集まっていました。

私はその会議の合間に、現地の博物館をのぞきに行ったのですが、ニュージーランドですからマオリ推しで、ポリネシア人が太平洋の島々にひろがりニュージーランドにたどり着くまでの歴史と、それぞれの島で花開いた、ポリネシア人以外のものも含む多様な文化について、大々的な展示がありました。

その中の一つが、ソロモン諸島の一部で行われていたクモの網を使った漁業。見ると、親指サックを一回り大きくしたくらいのサイズの、茶色いフェルト細工のようなものが展示してあります。解説には、森の中でクモの網を枝に絡めとって作られた、と書いてあります。どうやらこのサックもどきはルアー（擬似餌）のようです。

カヌーで海にこぎ出した漁師は、凧を揚げカヌーから遠く離します。凧から下りたラインの先にはクモの網でできた筒状のルアーがぶら下がっていて、水面近くに浮かびながら漂います。狙うのは、ダツの仲間。からだの前に突き出た口の中に、鋭い歯がたくさんある細長い魚です。この魚がルアーに噛みつくと、網の糸に歯が絡まって、釣り針もないのに釣り上げられてしまう。クモの糸は自然界最強の強さを誇るので、絡まったダツがいくら暴れても、切れてしまうことはなく、都合がよいのでしょう。

ソロモン諸島にほど近いニューギニアでも、クモの網を使って魚捕りをしていたことが、二十世紀の初め頃の探検家によって報告されています。木の枝を曲げて作った円(まる)い大きな枠の中で、クモに網を張らせて作った巨大なテニスラケットのような道具を魚捕り網として使っていました。

実は私も、クモを網ごと採集するときによく似た方法を使います。まず針金を曲げて網の円い部分より少し大きな枠を作り、網に押し付けます。すると、四方に伸びた円い部分を支えるための糸が枠に触れますから、そこをセロテープで枠にとめて、その外側で糸を切ります。こうして、形をとどめたまま網を切り取って、針金枠につけたまま持ち帰ることができるのです。

この方法は友人に教えてもらったのですが、二十世紀初めのニューギニアでも現代日本でも、人間の考えることはよく似ています。ちなみに、私はこれで魚を捕ったことはまだありませんが、いつか食糧危機が世界を襲ったときはこの技術を役立ててやろうと密(ひそ)かに狙(ねら)っています。

工業製品の中にもクモの糸を利用しているものがありま

ニューギニアで見られた、クモの網を使った魚捕り網

す。たとえば、ライフルで遠くの的を狙うために使う照準器。のぞき込むと中に十字線があります（同じような十字線は天体望遠鏡にもついています）。線の交わったところに弾が飛んでいくので、標的を合わせて引き金を引くわけです。で、この十字線を作るのにもクモの糸が使われていました。この線は、視界を妨げないよう細い必要がありますが、かといって切れてしまっても困ります。直径数マイクロメートル（一ミリメートルの数百分の一）しかないにもかかわらず、自然界最強を誇るクモの糸は、このような用途にぴったりの材料なのです。

クモの糸で作ったストッキング

クモの糸を使って何か作るといえば、服や身につけるものが真っ先に思い浮かびます。円すい形の頭巾をクモの網で作っていたのは、メラネシアに位置するバヌアツの人々です（太平洋にはクモの扱いに長けた文化があるようです）。ニューギニアの魚捕り網のように竹で作った枠にジョロウグモの網を取り、いくつもいくつも重ねれば、糸と糸が絡まって布のようになるのです。

近代以降になると、クモ糸を使った布製品製作の具体的な記録が現れ始めます。その最初の例は、十八世紀初めのフランスでのことです。三組の手袋と靴下がクモの糸で編まれ、一組はロンドンの王立協会に、二組はフランス科学アカデミーに贈られ、国王ルイ一四世の手元にも届いています。このときの糸は、クモが卵を入れて守るために編んだ袋（卵のう）から取られています。卵のうをたくさん集めてきて、カイコの繭と同じように茹でたあとに梳いて糸にします。四〇〇グラムほどの糸が取れたそうです。

ルイ一四世のもとには、熱帯でクモの網から集めた細くて美しい糸も届けられました。彼は、新しい産業を興したい、と手袋を作らせたのですが、身につけてみたところ、いろんなところが裂けてしまったとのことです。卵のうの糸に比べると、網の糸はとても細く、いくらクモの糸が自然界最強を誇るといっても、そのままでは細すぎて十分な強度を備えることができなかったのでしょう。

十八世紀の後半には、イエズス会の司祭が、生きているクモから直接糸を取り出す方法を考案しました。司祭は、クモのからだの真ん中で細くなった部分に、ギロチン板のような仕切りを取り付けました。こうすると、からだの前半にある脚で後半から出てくる糸に触れなくなるので、クモが自分で糸を切るの

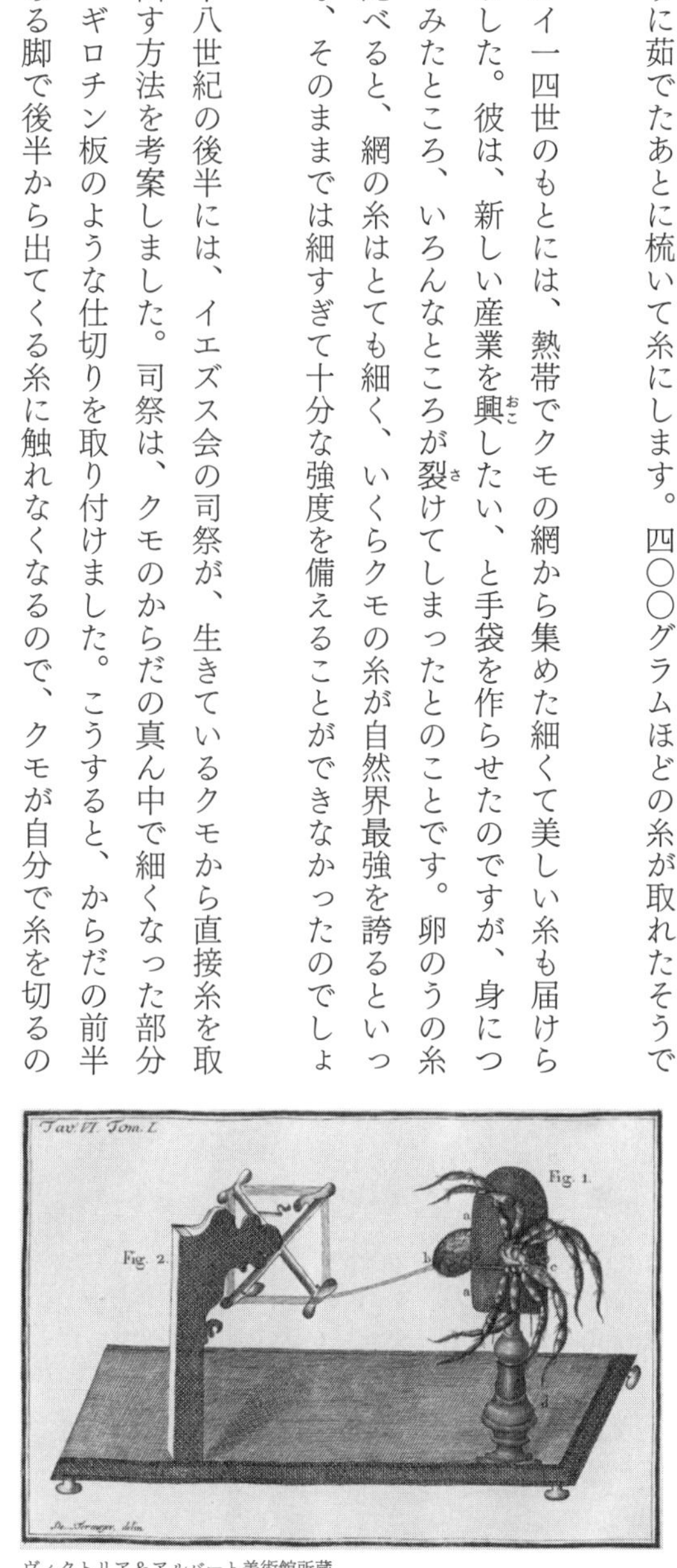

イエズス会の司祭が考案したクモから糸を巻き上げるための装置

ヴィクトリア&アルバート美術館所蔵

を防ぐことができます。こうして、糸を出す場所に指でそっと触れれば、スーッと引っ張り出すことができるので、あとは糸巻きで巻き上げてやります。これでクモのお腹の中が空っぽになるまで糸を取ることができます。こうして作られたストッキングは、当時のスペイン国王カルロス三世に贈られていますが、国王がどう反応したのかは記録に残っていないようです。

「クモの糸で服を作る」という野望

十九世紀になって、ロンドンでは糸巻きを蒸気機関で動かすことが試みられました。糸を巻くスピードを調整してやれば、クモが自分の脚で糸を切るのを防ぐことができ、手のひらに乗せたまま糸を取ることができたそうです。

また、マダガスカルではクモの糸を使った布製品を試作する工場が作られました。そこでは、クモがマッチ箱サイズの容器に入れられて、縦に四列、横に六列並べられました。こうして二四匹のクモから同時に一つの糸車に糸を巻き取ります。こうすれば強度も高まり、二万五〇〇〇匹のクモから取られた糸で、長さ一六メートル、幅四五センチメートルのベッド用天蓋（てんがい）が作られ、パリの万国博覧会

マダガスカルで使われたクモから糸を取る装置

に出展されるところまで行きました。一匹あたり一五〇メートルから六〇〇メートルほども糸が取れたとのことです。

しかし、産業化は失敗しました。工場で製品を作るには、材料の糸を、大量かつ安定的に供給する必要があります。そのためには、クモをたくさん飼わなければなりません。ですが、クモのほとんどは孤独に生き、好き嫌いのあまりない肉食動物です。同じ種類のクモであっても、近づいてくるなら共食いも厭（いと）いません。ですから、カイコのように狭い場所にたくさん押し込めて飼おうものなら、すぐに数が減ってしまいます。これでは効率的な生産は難しいのです。

それでも天然のクモの糸で服を作りたいという、人の夢を抑えることはできません。二十一世紀になって、マダガスカルの技術を復活させて、今度は本当に着ることのできるケープを作った人が現れました。このときは、四年以上の月日と三〇万ポンド（日本円で四〇〇〇万円強）の資金、六〇〇〇人時の労力に、のべ一〇〇万匹を超えるジョロウグモが使われました。

黄金色に輝くこのケープ（ジョロウグモの糸は、エサを誘（おび）き寄せるために、しばしば黄色くなります）は複数の博物館で展示され、

天然のクモ糸で作られたケープ

提供：alamy

話題になりました。工業製品は無理でもアートなら成り立つ、といったところでしょうか。

クモの糸で安価に服を作りたい、という人類の夢に立ちはだかる大きな壁に突破口を開いたのが、遺伝子工学です。二十世紀も終わりに近づいた頃でした。

大量の糸が供給できないという問題の本質は、クモのもつ優れた糸を生み出す能力と、食べられるものにはなんにでも襲いかかる肉食動物としての特徴が、一つのからだに同居していたことにあります。そこで、**クモの遺伝子を他の生物に入れ、糸を構成するタンパク質を作らせることで、この二つを分離した**のです。

入れ物には、大腸菌、酵母、カイコ、果てはヤギなどほ乳類までが使われ、現在では、人工クモ糸を使った製品が少しずつ作られ始めています。ときどきインターネットのニュースで話題になるので、目にした方も多いでしょう。

クモ、覚醒剤を打たれる

インターネットといえば、世界中に散らばるサーバーにある文書は、互いにリンクを張りあって結びついています。このシステムのことを、ワールドワイドウェブ、と言いますが、この**「ウェブ」とは、もともと「クモの網」を意味する言葉**です。今や私たちは世界を覆うクモの網なしには生活すら成り立たなくなっているというわけです。

本物のクモの網、とくに円い網は、とても複雑で精緻(せいち)な作りをしています。しかも、網を張る空間の形は、場所によって千差万別なのに、クモはそれぞれに合わせてきちんと網を張ることができます。大きな頭脳を持った人間ならともかく、小さければ数ミリグラム、大きくても一円玉数枚程度の重さしかないクモが、このようなことを見事にやってのけます。

クモにかぎらず、動物が行動するときには、視覚や聴覚、触覚といった感覚を使って、まわりの状況についての情報を手に入れ、それを脳でうまく処理することで、適切なからだの動きにつなげていきます。クモは、あれだけ複雑な網を作ることができるのですから、網を張るときのからだの動きを、高いレベルでコントロールできているはずです。

ところで動物の動きはうたかたなもの。行われた瞬間に消えていきます。ですから、動画が簡単に撮影できるようになる前は、動きを詳しく調べることは簡単ではありませんでした。一方、クモの網を作り上げる糸は、クモが歩いたあとに張られていきます。つまり、網の形を調べれば、クモがどういう順番でどのように動いたかがわかります。網は、その形にクモの動きを写しとったものなのです。

ということで、クモの網は、動物の行動が条件によってどのように変化するかを調べるための材料として使われてきました。

中でもとくに盛（さか）んだったのが、薬物が行動に与える影響を調べるものでした。精神安定剤や、抗不安薬、LSD、覚せい剤に睡眠薬、あげくのはてにはマジックマッシュルームに含まれる成分まで、これでもかというくらいの薬物を与えて、網の形がどう変わったか調べられていました。クモにとっては迷惑な話ですが。

この研究が行われていたのは主に第二次大戦後の二十年ほどなのですが、どこで聞きつけたのか、今でもときどきテレビ局が「カフェインやアルコールでクモを酔わせて変な形の巣を張らせたい」という企画を立てるようで、私のところにも何度か相談がありました。しかし、なぜか決まって連絡があるのが冬なのです。クモをとりたくてもとれません。ですので「夏になったらまた連絡ください」とお願いして待っているのですが、いまだ二度目の連絡がきたことはありません。

それはともかく面白いのは、薬物研究が始まったきっかけというのが、ある研究者がクモが網を張るところを映画に収めようとしたことでした。そのクモが働き始めるのが朝の四時。人間には少々つらい時間です。そこで、薬を与えて、活動時間を変えられないか？　とその研究者は考えました。

時は一九四八年。科学の力ですべてをコントロールできるとまだ信じられていた時代です。そこでストリキニーネやモルヒネを与えてみたのですが、網を張り始める時間はちっとも変わりませんでした。けれど網の形が奇妙なものに変わることがわかり、新しい研究テーマに結びついたとのこと。

このような研究は一九七〇年には下火になったのですが、二十世紀の終わりには、突如あのＮＡＳＡで、似たような研究が行われ、**与える薬物の毒性が強くなるほど、網の形が歪んでくる**ことが示されています。最近は、マウスなどの実験動物といえども、薬物を与えるような非人道的な扱いをしないようになっているのですが、クモならそういう配慮がいらないと考えたようです。同じ動物なのになぜマウスではだめでクモならよいのか、私にはよくわからないところなのですが……。

クモ、日本人より先に宇宙を飛ぶ

ＮＡＳＡというと宇宙開発です。そして、クモと宇宙は切っても切り離せない関係にあります。なんといっても、これまで一六個体のクモが宇宙旅行をしているのです。ちなみに宇宙を飛んだことのある日本人は二〇一九年時点で一二人しかいません。

クモが最初に地球の重力のくびきを離れたのは、日本人に先駆けること二十年近くになる一九七三年のことでした。一カ月半前に軌道上に打ち上げられた宇宙実験室スカイラブに、クモ最初の宇宙飛行士アニタとアラベラ（どちらも円い網を張るニワオニグモという種類です）が、三人の人間の宇宙飛行士とともに、アポロ宇宙船に乗って赴（おもむ）いたのです。

二カ月にわたるミッションで彼女たちに与えられた使命は、宇宙でも網が張れると証明すること。無重力が動物の動きにどう影響を与えるか知りたかったNASAは、薬物研究を学んでクモを実験対象に抜擢（ばってき）したのです。

実はこの計画は六〇年代終わりに一度考案されたものの、そのまま立ち消えになってしまっていました。ところが、スカイラブ計画が始まり、宇宙で行う実験のアイデアを高校生から広く募集したところ、集まった三四〇〇件の中に同じものがあったのです。一度計画が進んでいたこともあり、このアイデアは見事採用されて復活したのでした。

スカイラブに着いて、移動用に入れられていた小さな瓶から、網を張るための装置の中に最初に移されたのはアラベラでした。慣れない無重力の中に泳ぎ出した彼女は、最初こそうまく動けず四苦八苦する様子を見せましたが、二日後にはちゃんとした網を張ることに成功し、それから三週間、設備の中で何回か網を張りながら暮らしました。

アラベラが仕事を終えて瓶に戻った頃、代わってアニタが放されました。彼女も網を張ったものの、小さくて少し不規則な形をしていました。宇宙に出てから、お弁当に連れていったハエを一匹食べ、フィレ肉を二度網にかけてもらった（クモは食べませんでしたが）とはいえ、一カ月ほどほぼ絶食状態だったので、その影響があったのかもしれません。

無事ミッションをこなしたアニタとアラベラですが、地球に戻ることはできませんでした。アニタは実験室滞在中、アラベラは地球への帰還の途中に、どちらも脱水症状で亡くなっています。宇宙開発初期の時代、クモにとっても生息環境は過酷だったのです。

スペースシャトル時代になって、宇宙に運べる荷物の量に余裕ができたＮＡＳＡは、子どもたちのアイデアを宇宙飛行士に実験してもらう計画を始めました。そして、ここでもまた、クモが選ばれました。スカイラブで行った実験を繰り返して、もっと細かくいろいろなことを調べようというわけです。

時は二〇〇三年。スペースシャトル二号機、コロンビア号を使った実験を考案したのはオーストラリアの十四～十五歳の子どもたち。地元のクモを、何かあったときの代打要員も含めて八個体用意し、寒天にショウジョウバエのサナギを埋め込んだ自動エサやり装置も備えました。クモには羽化してきたハエを食べさせ、十六日間の宇宙飛行をこなして地球に帰還させるのが今回のミッション。スカイラブの時代とは段違いの性能を備えたカメラで網の写真やクモの動きが記録に収められました。

実験は順調に進んだように思えました。ところが、悲劇が襲います。クモたちが乗り込んだのはコロンビア号最後の航海だったのです。耐熱パネルに開いた穴が原因で大気圏再突入時に空中分解したあの衝撃的な事故。七人の人間とともに、貴重なクモの宇宙飛行士たちの命も失われてしまったのです。

史上もっとも冒険的な一生を送ったクモ

その後もクモは宇宙に飛び、二〇〇八年と二〇一一年にも二個体ずつ国際宇宙ステーションに滞在しています。宇宙で張られた網をこれまで以上に詳しく調べることと、クモが宇宙でどのくらいの期間普通の暮らしができるかを調べることが二つのミッションの目的でした。その両方で、クモは数カ月間にわたってショウジョウバエを食べながら暮らし、ステーションの中で寿命を終えました。

網の形ですが、ここまで四回のミッションのいずれでも、地上で張られたものとは微妙な違いが見られました。円い網は重力のある世界でエサがたくさんとれるよう、上半分と下半分で大きさと形に違いがあることが普通です。エサがかかったときにクモが素早く移動できる下半分が大きくなっているのです。また、エサが網の上を転げ落ちていったとしても最後のところで動きを止められるよう、下のほうで網目を細かくして粘着性を向上させています。つまり、円い網とはいえ、よく見るとその形は上下に非対称なのです。

ところが宇宙で張られた網は、地上のものと比べて対称的になっていました。大きさと網目の細かさに違いがなくなっていたのです。上がどちらかクモにわからなかったからなのか、それとも宇宙空間ではエサが転げ落ちないから上下で形を変える必要がないからなのか、理由ははっきりわかっていませんが、ともかく網を張るのに重力が影響していることは確かなようです。

ということで、宇宙に行ったクモは重力のある世界に帰れずじまい、ということが何十年も続いていたのですが、二〇一二年、ついに地球帰還に成功したクモが現れました。ハエトリグモのネフェルティティです（この名前は、実験を提案した当時十八歳のエジプト人少年にちなんで、古代エジプトの女王から取られています）。彼女はもう一個体のハエトリグモと一緒に、YouTubeと

©International Space Station 2012

国際宇宙ステーションにいたときのハエトリグモのネフェルティティ

Googleが資金を出した実験のために国際宇宙ステーションに飛び、網を張らないクモでも宇宙でエサをとって生きていけることを証明しました。百日間のミッションを無事に終えたネフェルティティは、この年始まった宇宙ステーション向け商業補給サービスの最初の便で送り返され太平洋に着水しました。そして一カ月強を地球で過ごしたのち、スミソニアン博物館で展示されることになりましたが、残念なことにそのわずか五日後に生涯を閉じました。当人は気づいていなくても、ネフェルティティが史上もっとも冒険的な一生を送ったクモであるのは間違いないでしょう。

伝統的な医療から、最先端の宇宙開発まで。クモが人間世界で幅広く活躍していることを見てきました。こうしてみると、人とクモの関わり方にはどこかのんびりしていて空想的な趣(おもむき)が感じられます。これは、どこにでもいるけれど、私たちとは直接の利害関係を強くもたないクモだからなのでしょう。

コラム

ワモの名前のオシャレ心

人の名前を覚えるのが苦手です。なにせ一五人ほどの学生の集団でも全員を覚える前に半期の授業が終わってしまうくらいです。

これは、非認知的能力やコミュニケーション力を求められる昨今の大学教員には致命的な欠点で、面倒見のよさを求められているのはわかっていても、名前を覚えられなければ、なかなかうまく応えられません。自己弁護しますが、個人を見分けることはできているのです。しかし、個人の特徴と、単なる記号であって目の前の実態と何の関係もない名前とを結びつけるのができないのです。クリクリ目玉くん、とか呼べればどれほど楽なことか。

生き物の名前を覚えるのも苦手なのですが、こちらはそれでも即物的な名前が多くて、人の名前に比べるとずいぶん覚えやすくて助かっています。モンシロチョウなんて見たままではないですか。

クモの世界にも即物的な名前はたくさんあります。たとえばゴミグモ。網にエサの食べかす（つまりゴミ）を飾る、という特徴そのままの名前です。それからサラグモ。お皿を伏せた形の網を張るからです。ヒラタグモは平べったい形をしています。これなら私でも覚えられるよ！

けれど、クモの名前にはそれだけにとどまらないオシャレ心を感じさせるものがたくさんあります。慣れてくると、こういう名前がむしろ嬉しいのです。

たとえば私がクモの研究を始めるきっかけになったギンメッキゴミグモですが、背中が銀色のゴミグモであると言いたければ、ギンゴミグモでよいはずです。しかしそこにわざわざメッキと入れてくる。確かにこのクモの銀色にはメタリックな趣がありますが、金属光沢をもつ生き物なんて山ほどいるのに、メッキという語でそれを表現するなんてなかなかない。このひと手間かける感が文化というものではないでしょうか。

なぜか他の動物の名前がついている種類が多いのもクモの特徴です。たとえば鳥。ワシグモ科という大きなグループがあり、その中にはご丁寧にハイタカグモやトンビグモがいます。トンビグモに至ってはシノノメトンビグモとかタソガレトンビグモとか、歌心を感じさせる名前のオンパレードです。

他にもカラスゴミグモという名前もあります。このクモはからだが真っ黒なゴミグモなので、一瞬即物的じゃんと思うのですが、よく考えれば、黒をカラスと言い換えているわけです。ポエムです。トリノフンダマシ、というクモもいますが、これは本当に鳥の糞に見えるので即物的な名前です。

甲殻類も人気のアイテムです。お腹が幅広で前脚が横に長く伸びているのをカニグモと呼ぶのは形からの連想からだと思うのですが、ガザミグモ（ワタリガニのことをガザミといいます）、エビグモ、シャコグモからヤドカリグモまであるのに至っては、さぞや名前づけが楽しかったと想像できます。ほ乳類では、ネコ、イタチ、イノシシなどが使われています。

ワスレナグモ、というクモもいます。珍しいクモで、最初発見されたあと、二回目の発見がなかなかなかったので、忘れられないように、との願いを込めた名前です。

そう。名前にはつけた人の願いがこもっています。学生の一人ひとりの名前にも、この子に幸あれという親の祈りがあるはずです。私もそうですからわかります。そう考えれば、苦手だ苦手だとも言っていられません。と、さっきから一念発起して学生名簿をにらみつけているのですが、今風の名前は、そもそも読むところから大変で……。

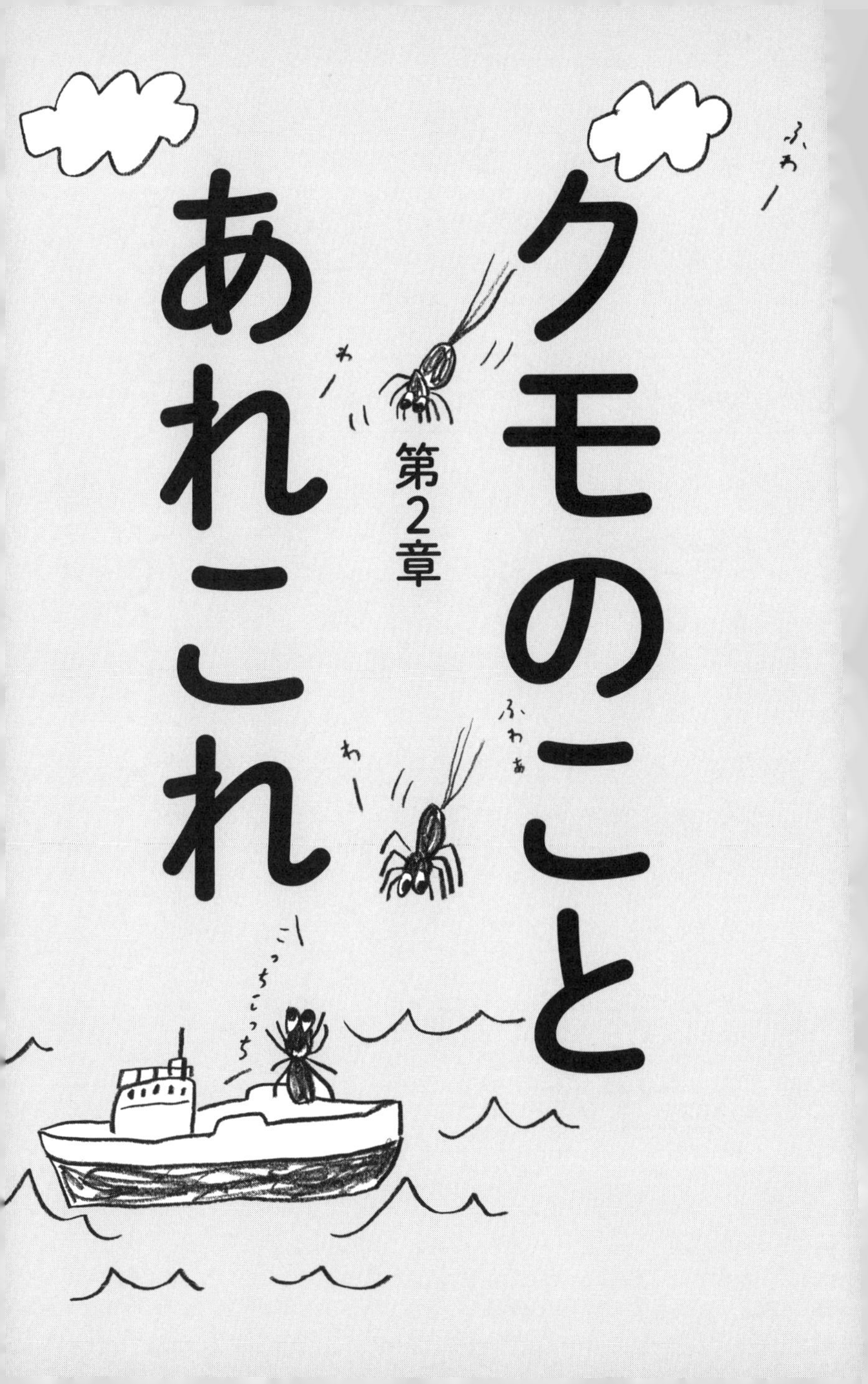
第2章
クモのこととあれこれ
ふわー
わー
ふわぁ
わー
こっちこっち

クモの毒は人間にはほぼ害がない

冬が来るとカニを食べます。お腹の殻（から）を割って、胴体から脚を外して殻をむき、中の肉をほじくり出して、土佐酢につけて貪（むさぼ）りつく。残った胴体は甲羅（こうら）を外し味噌を舐（な）めます。美味い！

カニは節足（せっそく）動物です。その名のとおり、脚は、外側が硬く中に身がぎっしり詰まった筒が柔らかい関節を挟んでいくつも連（つら）なり、節になっています。節足動物のからだは、上下左右を囲む四枚の板で形を保っていますが、こちらにも節があります。これを理解するため、エビも食べましょう。お腹から外す殻は六つに分かれていて、一つひとつが節にあたります。節足動物には、他に昆虫やダンゴムシ、ムカデなどがいて、どれもからだに節が見えます。

クモもカニやエビと同じ、節足動物です。エビのようなからだの節は見えませんが、それは進化の過程で節同士がくっついてしまったからで、原始的なクモの中には節が残って見えるものもいます。

くっついた節は、頭と胸に相当する前半部分と、後半のお腹の部分の二つに大きく分かれ、前半部には、あごや口や、多くの種類で八個ある眼があり、八本の脚がついています。どちらも八なのは単なる偶然で、脚にある節の数は七です。からだの後半には消化管や呼吸器、心臓といった内臓が詰まっていて、糸を出すための器官が腹部の末端に突き出ています。

クモの口の横には、元々は脚として使っていたものが進化してできた大きな牙(きば)が左右一本ずつ生えていて、中にタンパク質の毒を作る分泌腺が入っています。エサに嚙みついたら、牙の中の管をとおして、相手のからだの中に毒を送り込みます。

毒と言っても、人間に効くようなものを持っている種類は多くないので、心配はいりません。でも牙はしっかりしているので、大きなクモに嚙みつかれると、針で刺されたような痛みはあるかもしれません。セアカゴケグモのように、人間にとって危険な毒を持つ種類もいますが、向こうにとって私たちはエサには見えないので、わざわざ嚙みに来たりはしません。こちらが潰そうとしたりしなければ、ほとんど危険はないのです。

節足動物にはエビ・カニの他にもいろいろな種類の動物がいます。その中でもクモによく似た仲間にサソリとダニがいます。そして、少し離れた仲間にカ

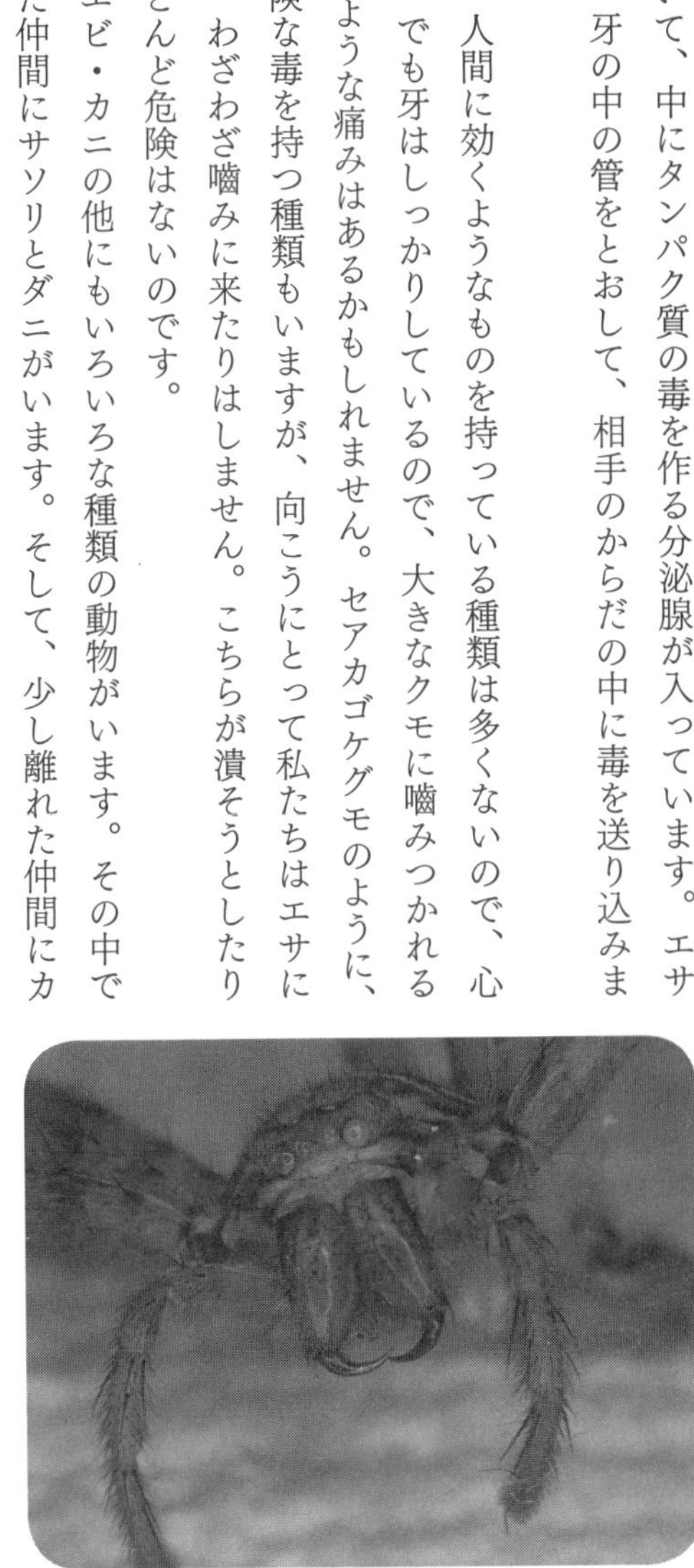

アシダカグモの牙(鋏角)。脱皮殻の写真

ブトガニ。海にいたご先祖様が、一部は陸に上がってクモの仲間になり、一部はそのままカブトガニに進化した、ということです。ところが最近、カブトガニは一度陸に上がったクモの仲間の一部がまた海に戻ったのではないか、と言い出した人が現れ、論争になっています。実はクジラ的進化なのかカブトガニ。

クモ、三億年前に現る

それはともかく、クモの祖先が、背骨のある私たち人間の祖先に先駆けて陸に上がったのはおよそ三億八〇〇〇万年ほど前でした。細長いからだに八本脚で長い尾と糸を出す器官を持つ、クモによく似た生き物の化石が見つかっています。そして今と同じ形をした「本当の」クモの化石が見つかるもっとも古い時代が、およそ三億年前。まだ恐竜も進化していない頃です。

初期の頃は、土に穴を掘って中に潜(ひそ)んだり(ハラフシグモの仲間・トタテグモの仲間など)、地面や葉の上などにシート状に糸を敷(し)いたりするのが主流でしたが、一億年ほどたったのち、糸を使って空中に円い網を張るクモ（ウズグモの仲間・コガネグモの仲間など）が進化しました。その後一部のクモは網の形を変えていき、今からおよそ一億年前までに、お皿のような形をした網を持つグループ（サラグモの仲間）や、糸をいろんな方向に張り巡らせて立体的な網を作るグループ（ヒメグモの仲間）が現れました。立体的な網を張るクモの中には、高いところに巣を作って、先端をネバネバさせた糸を地面まで下ろして、歩くエサを釣り上げるものもいます。

網を張らないクモの多くは、あとから現れた

とはいえ、網を張ってエサをとる種類は全体の半分ほどにすぎません。残りのクモは地面を歩き回ったり、まちぶせ場所を変えながらエサをとります。代表的なものが、ハエトリグモの仲間です。

からだは小さいながらクモの中で一番種類の多いグループで、英語でジャンピングスパイダーというように、飛び跳ねて移動し、エサを探します。視力がよく、家の中に出てくる種類もいるので、たとえばコンピューターのモニター上に出てきたときにカーソルを動かしてやると、エサだと思ってピョンピョン追っかけるかわいらしい姿を見るこ

とができます。

また、卵や子グモを持ち運んで育てるコモリグモの仲間や、蜜や花粉を食べに来るハチなどを花でまちぶせるハナグモなどカニグモの仲間も、網を張らないクモです。

これらの網を張らないグループが現れたのは、クモの歴史の後半です。どのように進化してきたのか、まだはっきりしないところが残っていますが、有力な説の一つは、**網を張っていたクモの一部が、それを捨てる方向に進化した**、というものです。

このグループが多くの種類を生み出したのは、およそ一億二五〇〇万年前から一億年前までの間で、地上でアリや甲虫が増えた時期です。どちらも空を飛ぶのが得意ではないグループで、このことが影響して一部のクモが網を使うのをやめ、歩き回るように進化したのかもしれません。

この時期には、もう一つ、生き物の歴史の中でも重要な事件が起こりました。花を咲かせる植物（被子植物）が進化し、昆虫に花粉を運んでもらうことで効率的に種子を作るようになったのです。

花にとって昆虫はお客様。ということで、お得意様の囲い込みのようなことが起こり、植物は一部の昆虫だけとつきあうようになります。そうして、植物も昆虫も新しい種がどんどん増えていきました。そして、クモもお相伴（しょうばん）にあずかり、多様になったと考えられています（この時期は、地球の気候が温室効果のために温暖になっていて、そのこともクモが増えたことにつながったのかもしれません）。**花が進化するとクモの種類が増える。**思わぬところに因果の鎖（くさり）があるものです。

クモに共通する特徴は、糸使いの巧みさと肉食

何億年もの時間を経て、クモの特徴は、種類によって大きく異なることとなりました。それでも皆、クモはクモ。からだの作りの他にも共通している部分が残っています。それは、タンパク質でできた糸を使うことです。

昆虫には、カイコをはじめとして、糸をつむぐことのできる種類はたくさんいますし、二枚貝やヨコエビにも糸を出すものがいます。そんな中で糸を使うことにもっとも長けているのがクモです。

クモは何種類もの糸を、網を作ったり、捕まえたエサを巻き上げたり、卵を包んだり、

移動するときの命綱にしたり、などと目的に合わせて使い分けます。その数は最大七。他の動物の場合、カイコのように人間にとって大変重要なものであっても糸は一種類しか持っていませんから、クモの糸使いの巧みさは他に類を見ないレベルなのです。

もう一つ、ほとんどのクモに共通する特徴が、他の動物を食べる捕食性だということです。昆虫が主なエサですが、食べられるものなら手広くメニューに加えます。共食いも厭いません。**違う種類のクモならまったく問題なく、同じ種類でも機会があれば、食べてしまいます。**メスが求愛してきたオスを、ことを済ます前後に食べてしまうことも有名です。昆虫をエサにするのをやめてしまって、他の種類のクモだけを狙うようになった種類もいます。基本的に生きたエサを食べ、死体をあさることはありません。

しかし多様性を旨とする生物の世界では、ほとんどのことに例外があります。クモは肉食だ、という話も同じで、中には花の蜜や花粉を補助食として口にする種類もいます。そして、これまで一種類だけ、もっぱら植物性のものを食べて暮らすハエトリグモの仲間が見つかっています。ひょっとしたら、よく探せばもっとたくさんの種類が植物に頼って生きているかもしれません。

クモは生まれたときから一人

そんなクモですが、一生のほとんどを一人で過ごす種類が大部分です。網を張るのだって一人でするし、食事をするときも一人。網にゴミがついたら掃除もしなくちゃいけませんが、それだって一人でします。誰もやってくれたりしないからです。そこはオスもメスも変わりありません。

クモの人生は卵として始まります。そして、**子グモが外の世界に出てきたときには、お母さんグモは死んでしまっていることが普通**です。生まれたときから一人なのです。子グモはこのときすでに一人前のクモの形になっていて、誰から教わることもなくエサをとることができます。

網を張るやり方も教わる必要はありません。ただし、子グモは大人と比べて体重で二ケタから三ケタ小さいので、種類によっては、複雑な形の網を張るのに必要な大きさの脳を持つには、頭が小さすぎることがあります。

子どもの頃から大きな脳を持たなければならない、という点は人間でも同じですが、私たちは、頭の大きな赤ちゃんを産んで、あとからからだを大きくする、というやり方を採用して、この問題を解決しています。一方、クモの場合は、神経細胞を小さくし密につめ込むことで、脳の体積が小さくても、うまく役割を果たせるようにしています。

それでも頭に納まりきらない場合は、**脳の一部を脚にはみ出させて収納します。**節足動物なので、脚も外側を硬い板で覆われており、脳を安全に入れておくことができます。おかげで生まれたときから子グモは一人前に暮らしていけるのです。脳が小さいときは、クモでもものをすぐ忘れるようですが、それはご愛嬌(あいきょう)ということで。

クモがからだを大きくできない理由

そんなに大きな脳が必要だったら、脚につめ込むみたいな無理矢理なことしなくても、人間のようにからだを大きくすればよさそうな気がします。放射線の影響で巨大化したクモたちが主役の映画なんていくらでもあります。ところが現実のクモや昆虫は、そう簡単には大きくなれません。人間を踏み潰したり、ひと飲みにしたりするなんて、ただの夢物語。

どうして大きくなれないかというと、からだの作り、とくに、からだの支え方と呼吸のしかたが理由だと考えられています。

人間はからだの中の骨で自分を支えていますが、**節足動物のクモは、硬くなったから**

だの表面で自分の重さを支えています。からだが大きくなると表面を分厚くしなくちゃなりません。こうなるとますます重くなるし、動きも悪くなるから都合が悪いのです。

また、人間は肺で吸った酸素を、血液を使ってからだのあちこちに運んでいますが、昆虫やクモでは空気を通す管がからだの奥まで張り巡らされており、空気から酸素を直接取り込みます。この管には、空気を能動的に取り込むような仕組みがないので、からだが大きくなると奥まで酸素が行き届きにくくなります。これは都合が悪い。からだが大きくなるとすぐに呼吸できなくなってしまうのです。

まだ恐竜も地球に現れていない大昔には、今よりずっと大きな昆虫が空を飛んでいました が、その頃は空気中に酸素が今よりずっとたくさんあったので、こんな呼吸のしかたでも、酸欠にならなかったようです。

究極の子育ての形「母親食い」

クモは基本子育てをしませんが、親グモが子と同居し食事を与えて育てる種類も少数派ながらいます。いつもなら共食い上等！　のところですが、子育ての時期になると他のクモを襲わなくなります。自分の子を食べないのは当たり前のように思えますが、コモリグモの場合、自分の子だけじゃなくて、よその子にも優しくなります。

人間も同じかもしれません。もう十年以上も前になりますが、私も自分の子どものおしめを換えたり抱っこして寝かしつけたりして暮らしていました。それ以来、町を歩いていて赤ん坊の泣き声を聞くと、反射的に「はっ！　お世話しなきゃ！」と思うようになったものです。

これらは博愛主義の兆（きざ）しのようにも思いたくなりますが、クモの場合は自分の子と他人の子を見分けようとしても、間違うことがあるからかもしれません。つまり、わが子につらく当たるくらいなら、世界の解像度を下げて誰にでも優しくしておいたほうがよい、ということです。

さて、子育てするお母さんグモは、自分で捕まえてきたエサを子に食べさせたり、自分でいったん食べてから吐き戻して与えたりします。**栄養卵といって、子を残すためではなくエサにするための卵を産んで、子グモに与える場合もあります。**

このような子育ての究極の形が、「母親食い」です。最初はちゃんとエサをあげていても、お母さんはだんだん弱ってきます。そうすると、子グモたちの前に身を投げ出して、みんなに食べてもらうのです。残酷に思えるかもしれませんが、お母さんの寿命も尽きかけています。どうせ死ぬなら、少しでも子グモの成長の助けになれば、割に合います。直感的にはギョッとする母親食いですが、人間の場合も、赤ちゃんにあげる母乳は血液が材料になっています。自分のからだの一部を削って子どもに与えているようなものですから、クモと似たところがあると考えることもできそうです。

子育ては子グモが小さい時期にかぎられることがほとんどですが、最近中国で、大人になるまでエサを与え続ける種類が発見されました。アリに擬態しているアリグモの仲間で、牛乳と比べてタンパク質を四倍多く含んだ液をお腹から出し、子グモに与えます。子グモは自分でエサをとれるようになったあとも、お母さんの「お乳」を飲み続けます。ただし、大人になっても母親と同じ巣にとどまるのはメスの子だけで、オスの子はその前に巣から追い出されます。

また熱帯には、一人で生きるのをやめて、大勢で集まって暮らしているクモが約二〇種類いることが知られています。全体からみると種類数はごくわずかですが、社会をもっているということで、クモの中では特別です。

この中には、一本の木をまるごと糸で覆うくらいに大きな巣を作る種類もいて、数千数万のクモが一緒に棲んでいます。小さな町といってもよいくらいです。大勢で協力すれば、一人では捕まえにくいような大きなエサでも簡単に捕まえられますし、巣を維持するのも楽ですし、天敵から身を守るのもやりやすいのです。

新天地開拓の必殺技、バルーニング

とはいえ、ほとんどのクモは一人で暮らします。卵から孵った子グモたちは、少しの間一緒の場所にとどまり続けますが、そのうちに一人ひとりがいろんな場所に散っていきます。

生まれた場所の近くに落ち着く子グモもいますが、中には、糸をお腹から空に放って凧のように風を受け、その力で遠くまで飛んでいく、バルーニングという技を行うものもいます。

新天地に旅立とうという勇敢な子グモは、高いところに登って、八本の脚を伸ばしてからだを高く上げ、腹部を掲げて糸を何本か空中にくり出します。そして、十分風を受けたところで、脚を放す。すると一気に浮かび上がることができます。

この技は、風がほとんどないときでも使うことができます。地球の表面は、人間には感じられないほどわずかですが、マイナスの電気を帯びています。そして、クモの糸もからだから出るときにマイナスの電気を帯びます。マイナスとマイナスなので、糸と地面は反発します。糸は軽いので、わずかな力でも空中に浮かび、引っ張られてクモも浮かびます。

バルーニングは多くの場合子グモの技ですが、成長してから行う種類もいます。小さなクモなら大人でも軽いので、浮かび上がるのも不思議じゃないですが、中には体重が一〇〇ミリグラムにもなるのに飛ぶ種類がいます。これは一般的なケースの一〇〇倍以上で、これだけ重いと、さすがに特別のやり方をしないと飛べないようです。普通のクモとは違って、糸を何十何百も放つのです。これが空中で三角形にひろがって帆のようになり、より大きな力を風から受けることができます。

いったん浮き上がったら、どこへ行くかは文字どおり風まかせ。どのくらいの距離を飛べるかもやってみないとわかりません。数百メートルくらいのことが多いようですが、もし高く浮き上がって上空の気流にでも乗ろうものなら、何百何千キロの距離を飛んでしまうこともあるでしょう。実際、**大きな海の真ん中にいる船の上に、クモが空から降りてきたという話はいくらでもあります。**今日も空中にはたくさんの子グモが浮かんでいるはずです。

どこに着陸できるかも自分では決められません。ですから降りた場所が自分にとって都合のよい場所とはかぎりません。こういうとき、子グモはもう一度空に飛び立つことがあります。何度かやっていれば、そのうち網を張るのによい場所に出会えるでしょう。

トライアンドエラーでやっていくわけです。

うまく陸地に降りられればよいのですが、地球の表面の七割は海です。一度長い距離を飛ばされたら、海に落ちる可能性は十分あります。むしろ、船の上に降りられたのが、ありえないような偶然の賜物(たまもの)です。そう考えると、バルーニングは子グモにとって危険が大きすぎるんじゃないか？　という老婆心(ろうばしん)が湧いてきます。見渡すところ一片の陸地もないところで、風を失いどんどん水面が近づいている子グモに、将来を不安に思う気持ちが備わっていないことを祈ります。

でも、これは心配しすぎのようです。バルーニングできるくらい軽いクモなら、着水しても溺れません。防水性のある脚で水をはじいてアメンボのように水面に立っていられます。それどころか、一番前の脚を真上に直立させたり、バルーニングに旅立つときのように腹部を持ち上げたりして、風を受けて水面を滑走するのです。脚やお腹が帆の代わり。逆に風が強すぎるときは、流されないよう、糸を水面に垂(た)らして錨(いかり)の代わりにします。

ヨットになって水面を帆走できるのですから、もし陸地が近くにあれば、そこまで行くことができるでしょうし、漂流している何かを見

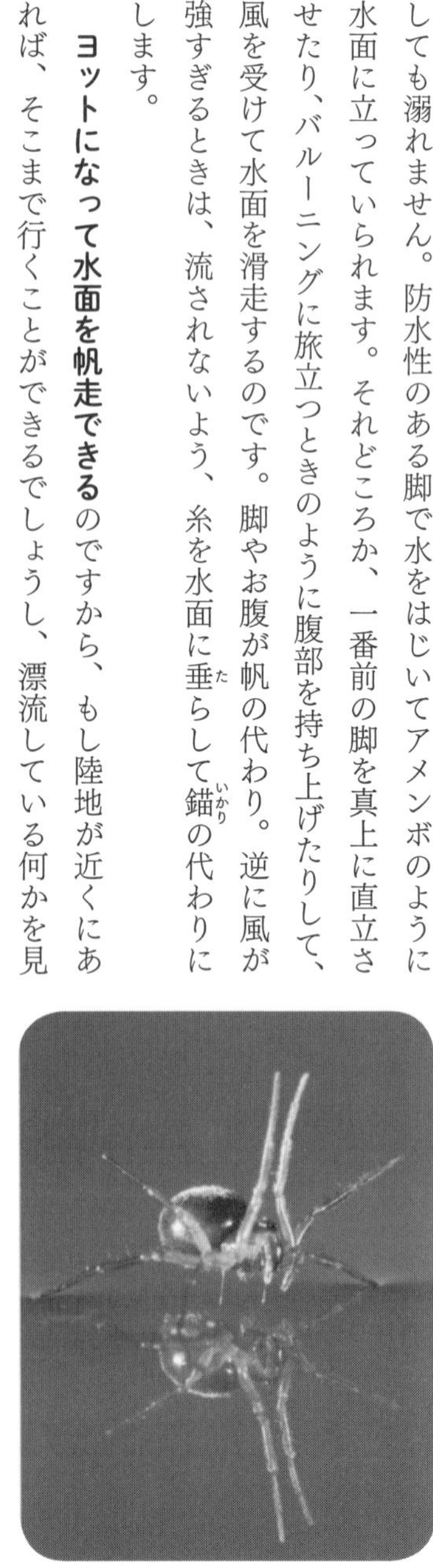

クモが水上を帆走するときの姿勢

つけてよじ登れれば、もう一度飛び立つこともできるでしょう。おかげで海で命を失うリスクは少し小さくなります。

大噴火した島に最初に降り立ったクモ

とはいえやはりバルーニングは危険です。なぜ子グモたちは、どこにたどり着くかわからない、死ぬかもしれない危険をかえりみず、遠くに行こうとするのでしょう？　生まれた場所の近くにとどまれば、そこはお母さんが自分を産むまで生き続けられた場所なのですから、自分にとっても都合のよい場所のはず。なのに、なぜわざわざそこを捨てるのでしょう？

理由の一つは、競争を避けるためです。生きるのに都合のよい場所には多くの生き物が集まってきます。混み合ってエサが足らなくなれば、物理的にはベストでなくても競争相手がいない場所を探したほうがよくなります。とくに、生まれた子どもが皆親と同じ場所にとどまろうとすると、まわりは兄弟姉妹ばかりです。血を分けた個体とエサをめぐって争うのは不毛です。また、子を作るときも近親交配の危険が出てきます。これも遠くに行こうとする理由となります。

直接的なメリットもあるでしょう。バルーニングして、まだ他のクモが誰もたどり着いていない場所を見つければ、そこは約束の地になるかもしれません。エサを争う必要もないし、ひょっとしたら天敵もいないかもしれない。あとは好きなだけ子孫を残せばよいのです。

火山の噴火など自然災害のせいで、ある地域から生き物がほとんどいなくなることは、それほど珍しいことではありません。**バルーニングすることで、他の動物より早くそのような新天地にたどり着くことができます。**

実際、十九世紀末にインドネシアのクラカタウ島で、大量にまきあがった噴煙のおかげで地球の平均気温が下がるほどの噴火が起きましたが、九カ月後に初めて島に入った調査隊が見つけたただ一つの生き物が、小さなクモが網を張っているところだったそうです。噴火でクラカタウ島のすべての生き物が死に絶えたあと、空中から初めて島に降り立ったのが、このクモだったのでしょう。しかしこのときはさすがに早すぎました。孤独なこのクモがエサのいない島で最後まで生をまっとうできたかはわかりません。

でも、もしエサになるような昆虫がすでに入っているような場所を見つけることができれば、この約束の地を独り占めできるわけです。一気に子孫を増やせます。リスクはあっても当たれば大きいのです。

クモの天敵たち

自分に都合のよい場所を見つけると、子グモはエサをできるだけたくさん食べようとします。少しでもからだを大きくするためです。大きくなれば、メスはそれだけ一回にたくさんの卵を産むことができ、自分の子を増やすことができます。ですから、子グモのうちからたくさん食べて成長することが大事です。

からだの表面が硬い節足動物なので、成長するためには定期的にからだの表面を脱ぎ捨てなければなりません。脱皮です。一生で何回脱皮するかは種類によって違っていて、同じ種類でも個体によって違う場合もあります。ともあれ、大人になってしまえば、その後は脱皮はしません。脱皮はクモにとって危険な時間で、たとえば脚を抜くのに失敗して、そのまま死んでしまう場合がときどき見られます。

食べることに夢中になっていると、自分がエサになる危険も高まります。鳥は網を張るクモを狙いますし、トカゲやカエルは歩き回るクモを襲います。ベッコウバチの仲間は、クモを狩って針を差し込み麻酔をかけ、巣穴に持ち帰って卵を産みつけ幼虫のエサにします。

クモヒメバチはクモ自身のからだの表面に卵を産みつけます。孵った幼虫は、宿主の体液を吸って成長し、最後には殺して網の上でサナギになりますが、殺す直前にはクモを操って、羽化するまで安全に過ごせるよう頑丈に補強した網を作らせます。

クモもクモの天敵です。ハエトリグモは、網の近くの枝などから持ち主に飛びついて食べてしまうことがあります。クモばかり食べるようになったクモの中には、森の中などに糸を一本張って、その上をのこのこ歩いてくる他のクモをまちぶせしたり、網の中にエサのふりをして入っていって、捕まえに来た網の持ち主を返り討ちにして食べてしまったり、危険なエサをうまく捕えるための技を発達させたものがいます。

クモの寿命

いくつもの困難を乗り越えて大人になれば、子を残す仕事が待っています。オスはメスを探して精子を渡し、すぐにメスの元から去っていきます。私たち人間のように、夫婦で一緒に暮らす、ということは一般的ではありません。クモは孤独な生き物なのです。

残ったメスはできるかぎり太ってたくさんの卵を産みます。卵は糸で作った卵のうで覆って、乾燥や熱、またエサとして狙う寄生バチやアリなどからも保護します。一個の卵のうには数十から数百の卵が入っており、何個も卵のうを作って一〇〇〇個以上の卵を産む種類もいます。一生で何度も産卵する種類だと、産みっぱなしの場合も多いですが、網の中に卵のうをぶら下げる種類ではエサを食べながら子どもを守ることができます。

一度しか産卵しない種類の中には、たとえば近くの葉の上や木の幹に産んだ卵のうの上で、お母さんが独りじっととどまって子グモが孵るまで守るものもいます。コモリグモやユウレイグモでは、お母さんが卵塊（らんかい）をお腹に付けたり口にくわえたりして持ち運びます。オスが卵を守る種類もいますが、きわめて少数派です。

卵として産み落とされて自分が大人になって繁殖を終えるまで、どのくらいの時間がかかるか、つまりクモの寿命はどのくらいかですが、種類によっていろいろです。長生きするクモだと四十年以上も生きた例が知られていますが、私たちの身近にいるジョロウグモやコガネグモなどであれば一年です。短いものだと数カ月で一世代が終わります。

クモには空腹に強い種類が多いので、エサを食べるのに失敗しても成長が遅くなるだけで、すぐには死にません。ですが、クモは体温を一定に保つことができないので、日本のように四季のある場所では、気温が下がってくると活動

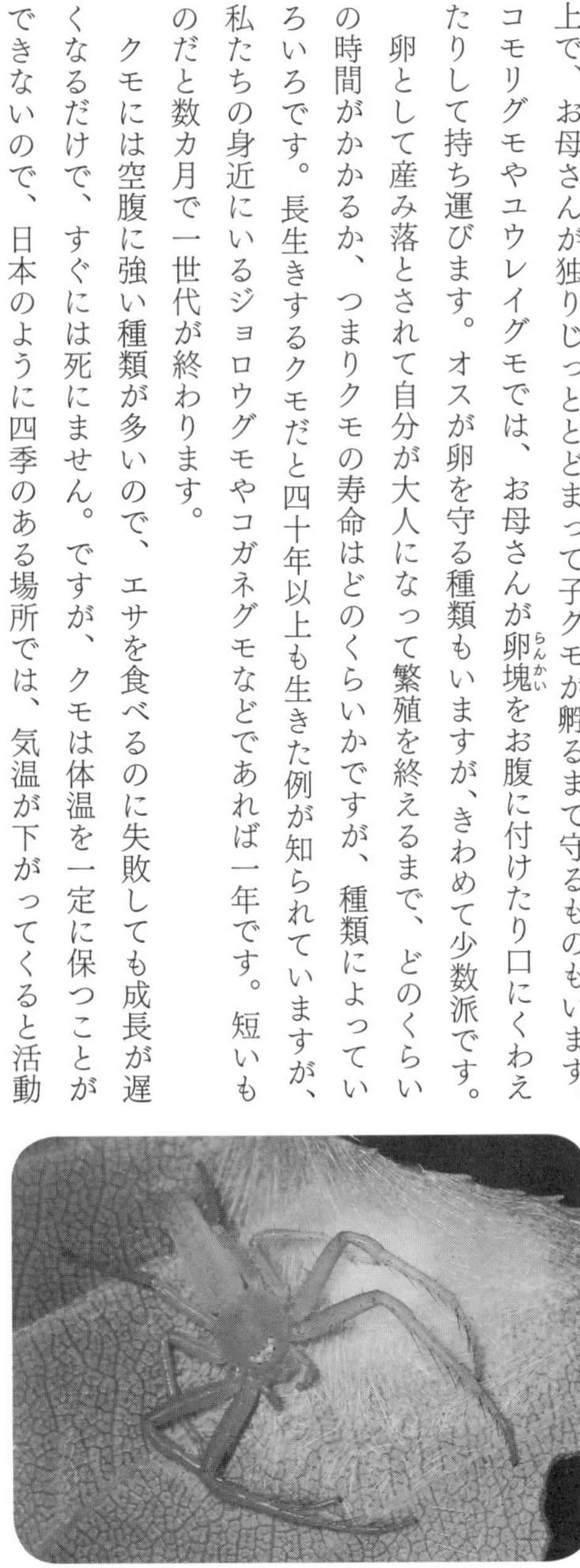

卵を守るワカバグモ

提供：萩野典子

がしにくくなります。寿命がくる、というより、終わりの季節が決まっている、といったほうがよいのかもしれません。ただクモも加齢にはかなわないようで、**若いときは美しく張ることができた網が、齢(よわい)とともに形が乱れたり網目が不規則になってきます。**

ともかく、多くのクモは、寒くなる前に産卵を終えて、卵か小さな子グモで越冬します。私たちがカニを食べているとき、野外では小さな命が春がくるのを待っている、というわけです。

コラム

クモの飼い方

クモ、飼いたいですよね。

歩き回ってエサをとるクモは簡単です。ケースの中にエサと一緒に入れておけば勝手に食べてくれます。でも、円い網を張るクモを飼うのは一筋縄(ひとすじなわ)ではいきません。小さなケースの中でも平気な飼い主思いの種類もいるのですが、みんながみんなそうではありません。網がないと不安なのか、エサが近くにいても怖がって縮こまってしまいます。こういう種類だと、飼うには網を張らせることが必要不可欠です。

しかし、これがハードルが高い。平面にひろがる円い網は、厚さは糸一本分の数マイクロメートルしかありませんが、長さと幅は数十センチを超えてくるものもあります。一円玉よりも軽い生き物を飼うにしては、かなりの空間を取られるわけです。私は透明なアクリル板を使って大人の肩幅

クモに中で網を張らせるためのアクリル製ケース

くらいの大きさの正方形の枠を作って飼育ケースとして使っています。この枠をいくつも並べ、ひとまわり大きな板で仕切って、中にクモを放り込んで網を張らせます。さしずめクモの団地です。

これでサクッと網を張ってくれればよいのですが、種類によっては機嫌を損ねてしまい、何日待っても枠の隅でいじけていることもあります。これはまずいので、ホスピタリティーの向上に努めます。明るいところが好きなクモなら飼育ケースを窓際に持っていったりライトで照らしてやったり、暗いところが好きならシーツで覆ってやったり、枠の中にエサを入れてやったり。

それでもダメならショック療法です。いじけたクモに霧吹きで水をかけてやったりします。すると驚いて動き出し、網を張ることもあるので不思議なものです。引きこもっているうちにその状態に居着いてしまっていたようです。

網ができればエサをやります。ショウジョウバエを増やして与えるのが楽なのですが、同じエサばかり食べていると栄養が偏る（かたよ）ので、他のエサをとってきてあげることもあります。クモは生き餌を食べるので、エサやりは大変です。さらに、クモの機嫌が続かないことも多くて、枠の中で二、三回網を張らせるのが精一杯という種類もいます。肩幅くらいのサイズでも小さすぎるようなのです。

ということで、やはり理想は放し飼い。学生の頃は、大学の実験室の天井から足場用の竹ひごを吊るし、そばにクモを放っていました。ちゃんと網を張ってくれたのですが、研究室の他のメンバーから嫌がられていたものです。

今は大人になったので、自宅のささやかな庭に放っています。クモ屋敷と呼ばば呼べ。室内ではないので姿を消してしまうこともあるのですが、自然のエサを食べてくれるので一番楽で確実です。ただ、妻や子どもがうっかり庭を歩いて網を壊してしまわないよう、よく見張っておかなければなりません。当然、家族からは不評です。

私より家族思いの友人は、別の手段を開発しました。高さがある衣装ケースの中にクモを放ちます。そして、夜にランプを光らせ寄ってくる虫をファンで吸い込む害虫退治用の市販のトラップを改造し、衣装ケースとパイプでつないで吸い込んだ昆虫をエサとして流し込むのです。友人は、この装置を使って、卵から孵った子グモを親に育て上げ、また卵を産ませることに成功しています。クモの完全養殖も間近というわけです。

第3章 クモの網、最強説

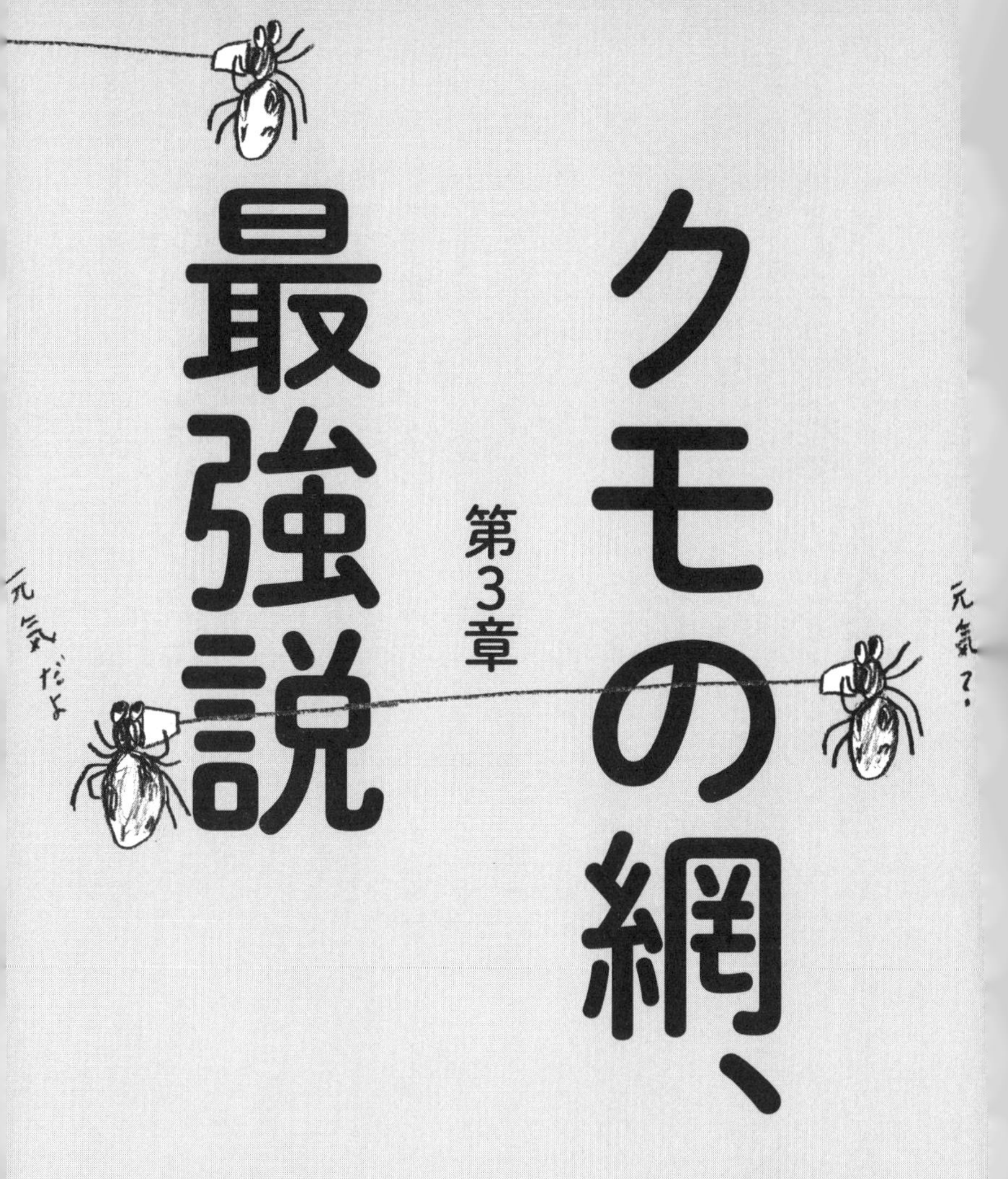

まちぶせ名人のクモ

私の研究室の前には傘立てがあって、虫取り網が何本もさしてあります。授業で学生と裏山に登るときに持っていくのです。ですが、私の授業をとる人は少数派。なので、他の多くの学生は「なにこれ？　虫取り網？　ヤダ、ウケるー」などと言って通りすぎていきます。私には、そんな声がまる聞こえ。いつもほんの少し傷つきます。

確かに、カワイイ装(よそお)いの若い人が、ぞろぞろと虫取り網を持ってキャンパスをウロついている光景は目を引きます。でも、持ってるほうはなぜか少し楽しそう。

歩きやすく肌を守れる出で立ちで来なさいよ、という私の言葉はなかなか彼女たちには伝わりません。相手はオシャレ盛りの学生です。短いスカートで森に入って、脚を蚊に散々に食われてしまいます。ヒールのある靴で来る人もいて、それはもう歩きにくそうに虫取り網を杖(つえ)代わりにしています。折れやしないかとヒヤヒヤです。

ですが、実は森の中では虫取り網を振り回す機会はあまり多くはありません（倒木を割るナタや落ち葉をひっくり返すスコップのほうが役立ちます）。虫を触れない人に、私が捕まえたものを見せるために入れてやるのが、彼女たちといるときの虫取り網の使い道です。

クモの話をするのでした。クモといえば円い網。虫取り網とは違い、決まった場所に設置して使う、タンパク質の糸でできた仕掛け罠(わな)です。

動物のエサのとり方には大きく分けて二つあり、一つはたとえばオオカミのように、森の中を歩き回ってエサを探す方法です。もう一つが、アンコウやワニのように、向こうからエサが来るのをじっと待つやり方。

クモもそんなまちぶせ型の生き物で、待つことは立派な仕事です。エサを追いかけてやみくもに走り回るのもいいですが、それでくたびれてしまっては元も子もありません。**まちぶせのコツは、入念な準備のもとで消耗を抑えながら、たまに訪れるチャンスを確実につかむこと**です。クモには強い力や相手を上回るスピードでエサをねじふせるような派手さはありませんが、じっくり構えて厳しい状況をしのぐのは得意ですし、そうしているうちに大きく稼げることもあるでしょう。

いずれにしろ、長い時間の果ての一瞬のタイミングに賭けるわけですから、そこにはいろいろな技や工夫があります。

網の張り方

円い網は、放射状に張られた糸（たて糸）と渦巻き状に張られた糸（横糸）からできています。私がよく観察しているクモを例にとって、円い網をどうやって張るか説明しましょう。まず、お腹を掲げて、糸を空中に放ちます【a】。糸の先には粘着物質がついていて、風に乗って漂っていった先で触れたものにくっつきます。するとクモは、たるんだ糸をたぐり寄せ、自分の側の糸の先をどこか近くに接着します。こうして、一本の糸が中空に渡ります【b】。

この糸は、網全体を支えることになる大事なものですが、どこに糸が張られるかは例によって風まかせ。そのため、クモは張られた糸の上を歩いて入念に様子を確かめます。気に入らなければ、もう一度糸を流して張り直しです。何度か繰り返せば、よい場所に糸を渡すことができます。

するとクモは糸の途中まで歩いていき、そこからまた糸を空に流してどこかにつけたり【c1】、別の糸を伸ばしながら下に降りていったり【c2】、糸を引っ張りながら歩き回ったり【c3】して、網の外枠になる糸と何本かのたて糸を張っていきます。

こうして、網の大枠が完成すると、すでにあるたて糸の位置を引っ張りながら確認し、

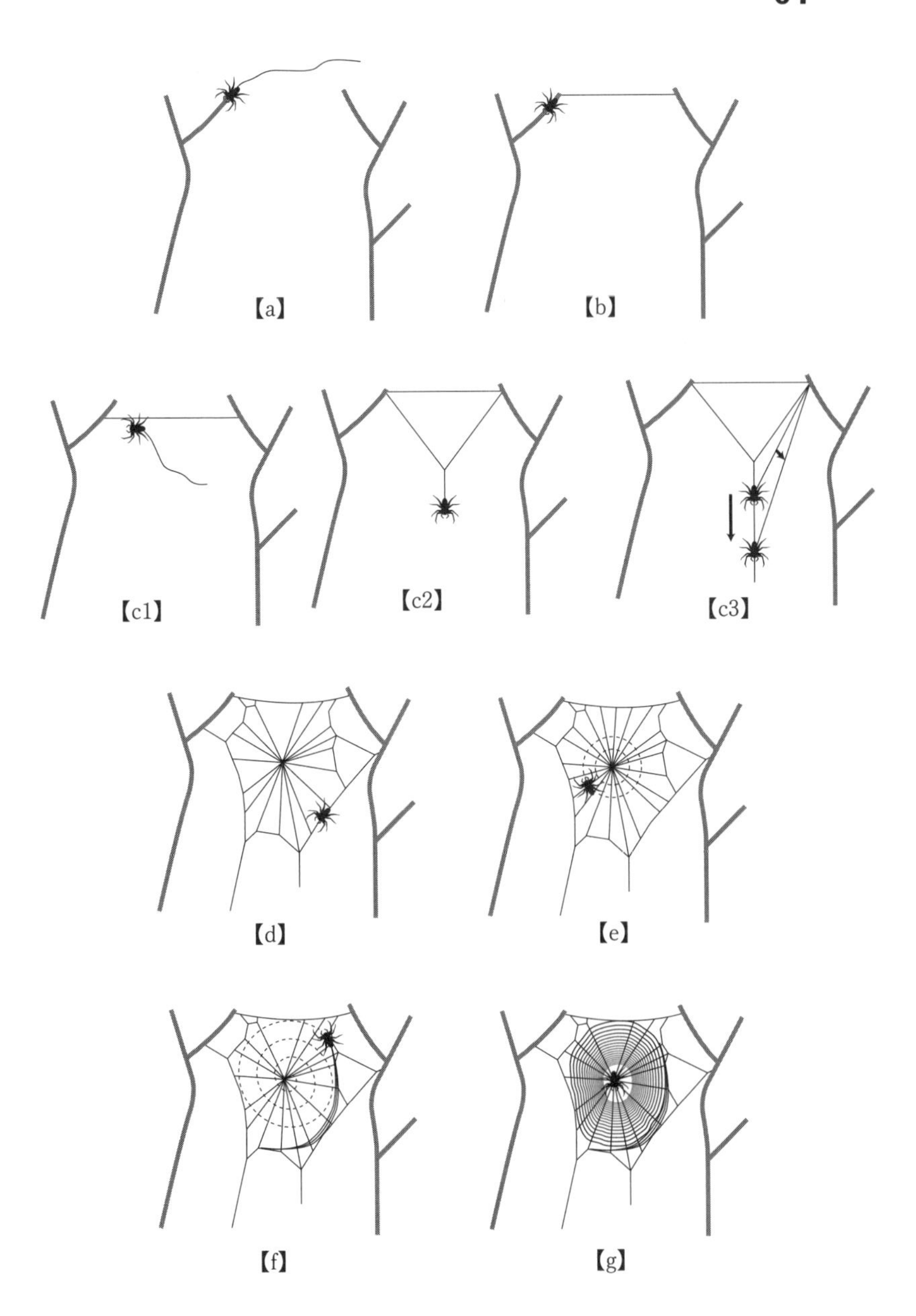
【a】
【b】
【c1】
【c2】
【c3】
【d】
【e】
【f】
【g】

その間を埋めるように、新しいたて糸を足していきます【d】。十分なたて糸が張られれば、次は真ん中から外側に向かって緩(ゆる)いらせんを描いて糸を張ります【e】。この糸は、このあとクモが横糸を張っていくときに足場として使われます。

そして、とうとう粘(ねば)つく横糸を張っていきます。足場用の糸を張り終わったあと、クモは網の外側にいます。ここからクモは一八〇度向きを変え、たて糸と足場用の糸をつたいながら、外側から中心に向かってぐるぐると細かいらせんを描いて横糸を張っていきます【f】。一定の間隔で横糸を張るために、クモは一周前に自分が張った糸の位置を脚で触って確かめながら進んでいきます。

横糸を張ると同時に、必要なくなった足場用の糸は切断します。網の中心まで少し距離を残したところで、横糸張りは終わり、そこからクモはまっすぐ中心に戻ってきます【g】。こうして網の中心付近には、横糸のない部分ができ、ここを使ってクモは網のあちらとこちらを行ったり来たりします。最後に、白い糸でできた飾りを中心付近につければ、美しい網の完成です（飾りはない場合もあります）。

クモはせきつい動物も食べられる

　エサの食べ方についても触れておきましょう。クモは私たちと違って、エサを噛みちぎったりはしません。ではどうするかというと、からだを分解する酵素をたっぷり含んだ消化液を口から出して、哀れなエサの中に注ぎ込みます。しばらく待てば溶けてどろどろの液体状になりますから、それを飲むのがクモの食事です。ですからクモの味覚の中には、歯ごたえとか舌触りとかはありません。収穫したてのキュウリをかじる喜びとは無縁です。

　鳥のように、エサを噛みちぎるのが苦手な生き物だと、嘴（くちばし）のサイズで食べられるエサの大きさが制限されます。けれど、クモにはそんな不便はありません。**お腹の中ではなく、からだの外で消化が起こるおかげで、クモは自分よりずっと大きな動物でもエサにできます。**

　大きな虫だけじゃなく、せきつい動物を食べることさえあります。沖縄にいるオオジョロウグモという大型のクモの網は直径一メートルを超え、ときどきスズメくらいの大きさの鳥やコウモリがかかって、地元のニュースに取りあげられたりしています。小さなハエトリグモでも小型のカエルやトカゲを食べることがあり、水辺には魚を食べるクモもいます。しかしさすがに人間までは食べませんのでご安心を。

ジョロウグモの網にかかったアマガエル

糸の振動から情報を得る

そんなわけで、ときには持ち主のクモよりも大きなエサが、猛スピードで網に飛び込んできます。すると、網の真ん中で待っていたクモは、さっとその方向に向き直ります。そして、ダッとエサに向かって走り出し、エサにがぶりと噛みついて毒で動かなくします。クモの網は万能ではなく、ボンヤリしていると、かかったエサが逃げてしまうので、ここは俊敏です。エサが大きければ糸で巻き上げることもあります。そうして動けなくなったエサを網の中心まで持ち帰ってのんびり食事、というわけです。

向き直ってから、噛みつくまでの間に、網の糸を前脚でくいっくいっと引っ張ることもあります。

網を張るクモは、眼があまり見えません。代わりに、脚に生えた細かい毛やからだの微妙な歪(ゆが)みを使って空気や脚が触れているものの振動を感じることで、まわりに何があるかを知ります。エサが網にかかったことは糸の振動でわかります。エサがぶつかったときの衝撃は網を震わせますし、そのあと逃げようと暴れたり翅(はね)を震わせたりすれば、その振動は糸の上を伝わり、たて糸の集まる中心に座るクモに伝わってきます。

こうして伝わる情報では足らないときは、糸を引っ張ります。そうすれば、その手応えでエサの大きさやぶつかった場所がわかります。

このように、網はクモにとってからだの外にひろがる情報ネットワークとしても働きます。

第1章で、インターネットの世界の「ウェブ」という言葉は「クモの網」という意味だと書きました。実際の網も、クモに情報を伝える大事なシステムです。そのうえ、クモは情報の伝わり方を状況に応じて自分で調整していることもわかっています。

網の上の情報は、糸の振動で伝わってきます。糸電話で遊んだことのある人は経験したことがあると思いますが、糸をピンと張れば音が聞こえやすくなります。糸電話は音を糸の振動に変えて伝えますから、網の上の情報の伝わり方と同じです。そこで、クモはまわりのことをよく知る必要があるときには、脚や追加の糸を使って、たて糸をピンと引っ張り「耳を澄ます」のです。

たて糸と横糸の役割分担

さて、網の役割は、エサがぶつかったときに動きを止めることと、その後クモが襲いに来るまでエサが逃げないよう、からめとってその場にとどめておくこと、の二つです。円い網は、たて糸と横糸で、この二つの役割を分担しています。

二種類の糸は性質が違います。エサの動きを止める役割を担(にな)うのがたて糸です。**太さが同じなら、鋼鉄と同じくらいの強さがあります。**人がぶつかったりすると壊れてしまうのは、糸が直径数マイクロメートルと、とても細いからです。

そのうえ、たて糸にはゴムのように弾力性があるため、硬いものよりも壊れにくいのです。建物の柱のように、大きな重さに耐えるだけでよいのであれば、鉄のような硬いだけの材料でも十分間に合います。ですが、速く動くものがぶつかったときのように、大きなエネルギーを受け止めなければならないときは、それだけではダメです。エネルギーを吸収するときに壊れてしまうからです。

その点、たて糸は何かがぶつかれば伸びます。その間にエネルギーを吸収できるので、大きなエサがぶつかっても網は壊れません。大きく変形してエサを受け止め、また元の形に戻ります。

エサをからめとる役割を担うのが横糸です。コガネグモ科のクモの横糸は、芯になる糸が、液体状のネバネバした物質に覆われた状態で、クモの体内からつむぎだされます。ネバネバした物質は、一定の間隔で集まって球のようになります。この粘球（ねんきゅう）が、網にかかったエサをその場にとどめる役割をします。また横糸はたて糸と比べて、わずかな力でもさらに大きく伸びます。そのためエサが逃げようともがくと横糸が伸びてますます絡みつくことになります。

網を作る糸の中でネバネバしているのは横糸だけです。ですから、網を作るとき横糸は最後に張られます。途中で糸の上を歩き回っているときは横糸はありませんし、横糸を張るときは、くっつくことのないたて糸と足場用の糸だけ使って移動するので、クモは網に絡みつきません。エサをとるときも、もっぱらたて糸をつたって網の上を歩きます。

といっても、エサを急いで襲おうと走ればどうしても横糸に脚が当たります。でも大丈夫。脚を覆う油性の物質と、表面に生えている細かい毛のおかげで、粘球に触れてもからまることはありません。とはいえ、クモが網の上を歩くと、隣り合った横糸が脚で蹴られてくっついたり、切れてしまったりで、跡となって残ります。

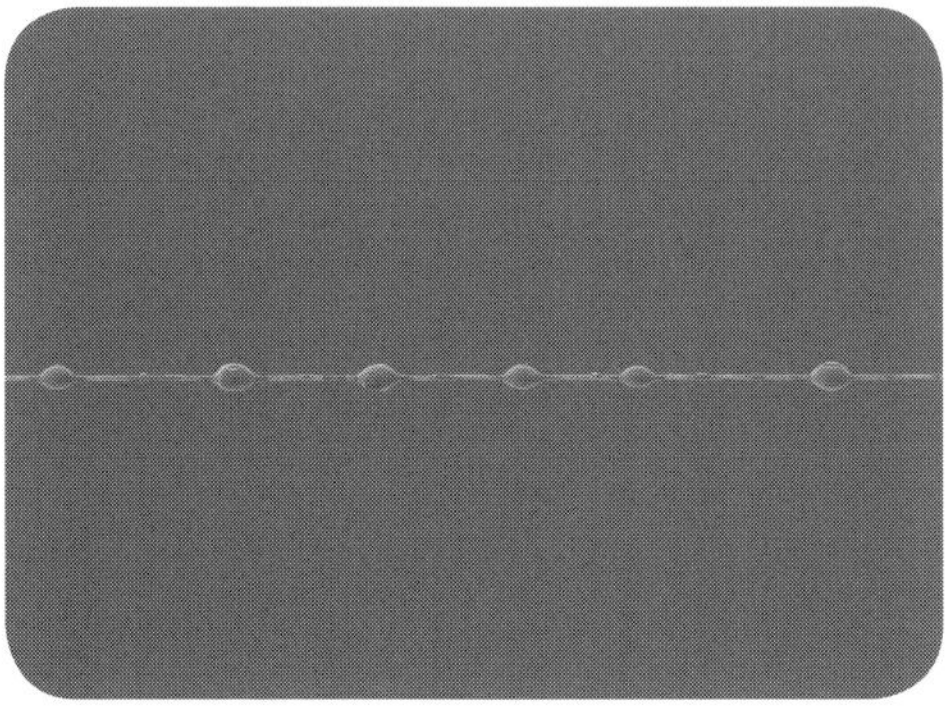

横糸の拡大図。円い球状のものが粘球

提供：日立化成テクノサービス株式会社 分析センター

クモは毎日、網を張り直す

一日が終わる頃には、網にはエサをとった跡がたくさんついて、ぼろぼろになるのが普通です。枯れ葉が落ちてきて網を壊してしまうこともあります。壊れたところは修理しますが、性能が落ちるのは避けられません。ほこりがついたり乾燥したりで、横糸の粘着性も悪くなっていきます。そのためクモは、一日の終わりに横糸を全部とたて糸の大部分を回収して更地にします。そして次の日の始めにまた一から張り直し。これを毎日繰り返します。

もったいないように思うかもしれませんが、そこはクモの賢さ。**糸はタンパク質でできているので、回収すれば食べて消化することができます。分解してできたアミノ酸は、新しい糸を作る材料になります。**つまり、糸のリサイクルです。そんなわけで、クモたちにとって、人間に網をはらわれてしまうのは、糸が回収できなくなるから大損害です。優しくしてあげてください。

リサイクルはとても効率がよくて、一説によると九〇パーセントを超えることもあるのだとか。実際には、回収した糸を食べずに棄ててしまうこともあるので、平均すると効率はもっと悪いのでしょうが、おかげで毎日の建設コストを抑えることができます。

エサが来るのをずっと待つ生活だと、とれるエサの量に当たり外れがでてきます。運が悪いとほとんど食事ができない日が続くこともあります。そんな状況をしのぐには、ランニングコストが小さいことが重要です。ですからリサイクルなのです。人間には、巨額の費用をかけて一生使える立派な家を持つ人も多いですが、それは生活が安定しているからできること。円い網を張るクモだと、定期的にローンを返すような生き方は難しいのです。

毎日新しい網に張り替えるということは、まるでいつでも新築暮らしみたいですが、実態は、張ってはたたみ、張ってはたたみのテント生活みたいなものです。材料はリサイクルできても、張る手間はかかります。網によっては作るのに一時間以上かかることもありますし、糸を張っていく間に歩く距離が数十メートルを超える種類もいます。一日のほとんどを網の中心でじっとして過ごすクモには、ばかにならない距離です。

加えて網の材料の糸はタンパク質からできています。リサイクルできるとはいえ、網を作るために使ったタンパク質の一部は失われます。このタンパク質は、糸を作らなければ成長に回せたかもしれないし、卵を作るのに使えたかもしれません。つまり、クモの生活は、栄養を手に入れるために、本当なら栄養源となるタンパク質を投資することで成り立っています。投資ですから、利益はできるだけ多くあげたいものです。

クモの糸の節約術

そもそも、利益がなければ、生きていくこともできませんし、子の数を増やすためには、たくさん利益をあげてからだを大きくする必要があります。

クモは昆虫と同じように、硬くなったからだの外側で自分の重さを支えている生き物です。ですが、昆虫と比べると、お腹の部分がずっと柔らかいので、たくさん食べればその分お腹が大きく膨らみます。卵はお腹にため込んだ栄養を使って作りますから、食べて太った分だけ子の数が増えますし、一回の産卵でよりたくさんの子を残せます。人間は、多くの場合一回に一人の子を産みますが、クモは一度に何十、何百の卵をまとめて産むのです。

利益をあげる一つの方法は出費を抑えることです。クモでも、できるだけ糸を使わずに質素な網を使うように進化した種がいます。たて糸も横糸も本数の少ない網を張るクモや、円い網の一部だけが残った扇(おうぎ)状の網を張るクモ（その名もオウギグモ！）、何本か糸を張っただけで済ますクモまでいます。網にしなくてもエサを捕まえられるのか、というと、森の中などで糸が張られているとその上を歩いてくるクモや昆虫がいるので、大丈夫なのです。

糸の節約を極めたのがナゲナワグモです（一〇八ページで詳しくご紹介します）。このクモが使うのは、先に大きな粘球が一つついた、からだの大きさより少し長いくらいの一本の糸だけです。これを投げ縄のようにぐるぐると振り回して、飛んでくるガを捕まえます。ガだけ狙うのではたくさん食べるのが難しそうに思えますが、ナゲナワグモは、ガのフェロモンをまねた匂いを出して、オスがだまされて寄ってきたところを捕まえます。甘い香りにご用心。

クモの本領、まちぶせの術

しかしコストカットばかりしていては先行きが見通せません。利益をあげるもっと直接的な方法は、収入を増やす、つまりエサをたくさんとることです。といっても、まちぶせ型ですので、熱く森の中を走り回ったりはしません。網を使った、静かな技の出番です。

どのくらい、そしてどのようにエサがとれるかは、網の張り方で変わります。たとえばエサが一度くっついたら逃げられないような網を作ろうと思ったら、横糸を張る間隔を小さくして、目の細かい網にすればよい。大きくて速く飛ぶエサがぶつかったときの衝撃に負けない網にしたければ、たて糸をたくさん張ればよい。エサをたくさんとりたければ大きな網です。

でも、そういうことならと、糸がぎちぎちに詰まった大きな網を作ろうとするあわてん坊は、クモにはいません。糸を隙間なく敷き詰めて円盤みたいになった網が空中に浮かんでいることを想像してみてください。エサの昆虫は、空中に何かおかしなものがあることに遠くから気がついて、網に近寄らなくなるでしょう。

それに、たくさんの糸からなる網を張るには、その分歩く距離を増やさなければなりません。やみくもに糸を投じればよいというものではない。極端なことを言うと、もしまわりにエサが一匹もいないのが確かであれば、網を張るだけムダです。労力ばかりかかって、得るものがなければ赤字だからです。逆に、たくさんいればコストをかけて大きな網を張っても割に合います。なので、クモはまわりを飛んでいる虫の量に敏感です。ケースでクモを飼っているときに、中にハエを一緒に入れてやると、翅音(はねおと)を聞いて網を張り始めますし、**エサをたくさん捕まえた日の翌日には、そのことを覚えていて、前の日より大きな網を張ります。**

網の形とエサの待ち方にもなにげない工夫があります。第1章でも触れたように、垂直に張られた円い網を張るクモは、ほとんどの場合、下半分が大きな網を張り、下を向いてエサを待ちます。

このクモの世界の大法則が成り立つのは、下のほうがエサをとるのに都合がよいからです。私たちは重力のある世界に棲んでいるので、上へのぼるより下へおりるほうが速く移動できます。ですから、クモは下にかかったエサを捕まえやすいのです。

私たちが商売をするとき、お客さんがよく来る場所には大きな店を開くように、クモもエサがとりやすい方向に網をひろげているわけです。下を向くのも同じ理由で、エサがとりやすい下を向いてあらかじめ好機に備えています。

例外のない法則はない、というのは生物の世界の大原則ですが、上下に関するこの法則にもあてはまります。世界中探しても一〇種に満たないほどわずかですが、上を向いて網にとまるクモがいるのです。その多くが日本に棲んでいて、市街地で普通に見られる種類も含まれています（私がクモの研究を始めるきっかけになったギンメッキゴミグモです）。どこにでもいる大変珍しいクモ、というわけです。この上向きのクモの網は、普通のものとは違って上側が大きくなっています。逆さまに網にとまるクモは逆さまの形の網を張るのです。

なぜ上向きのクモがいるのでしょう？　網にかかったエサは、逃げようともがいているうちにからだの一部が糸から剥がれるため、少し網からずり落ちることがあります。こういうことがあると、また別の一部が剥がれて、さらにずり落ち、エサはどんどん下に転がり落ちてきます。上を向いていれば落ちてくるエサを待ち受けることができて都合がよいのですが、多くのクモでは、下のほうにかかったエサを速く捕まえることのほうが重要なため、下を向いています。

ですが、もしクモがそれほど速く下に走ることができないならどうでしょう？　下を向くメリットがなくなりますから、大手を振って上を向き、網も上側を大きくすればよいことになります。重力はどうなったんだ？　と疑問が湧きますが、ここで効いてくるのがからだの大きさ。上向きのクモは小さい種類が多いのです。そのため重力はあまり影響しないのだろうと考えられています。実際に、上向きのクモで網の上を走るスピードを測ってみると、下に速くおりられず、のぼりと同じくらいの速さしか出せないことがわかりました。

クモ流、おびき寄せの術

クモはただ網を仕掛けてエサが来るのをまちぶせる受け身一辺倒の生き物ではありません。エサをだまして、おびき寄せることもします。クモの網は、材料の糸がとても細く、光をあまり反射しないようになっているのに、その中心部には、いろいろな形の、糸でできた目立つ飾りがついていることがあります。

この**飾りを作る糸は、たて糸とも横糸とも性質が違っていて、昆虫が見ることのできる紫外線を中心に、光をよく反射します。**一説によると、この目立つ飾りとクモのからだの色や模様があいまって、私たちほどには目のよくない昆虫からは、花のように見えるのだそうです。ハチのような昆虫はこの偽物の花に引き寄せられていきます。そして、ハッと気がついたときはすでに遅し。網にぶつかってしまいます。

また、網に食事のあとの残骸（ざんがい）や落ち葉を飾り付けてエサをおびき寄せるクモもいます。これらのゴミには菌がつき、発酵して匂いを出します。これに誘われてハエが網に向かって飛んできます。

エサがたくさんいる場所を探して網を引っ越すこともあります。といっても、

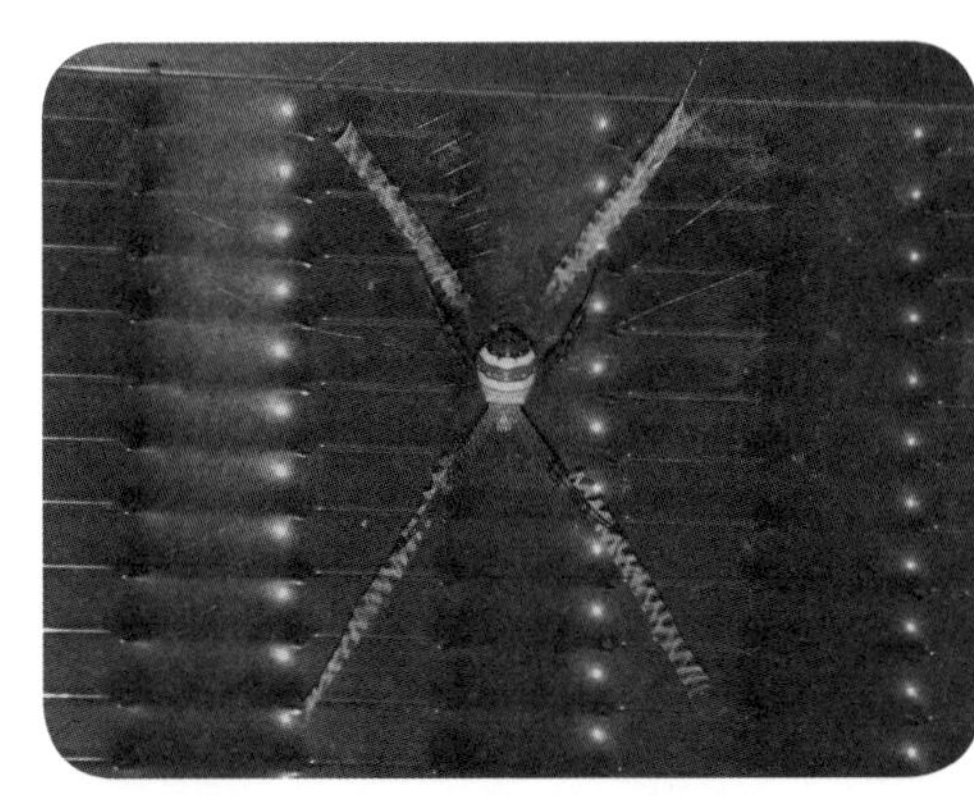

コガタコガネグモの網についたX字状の飾り

クモは風に流した糸をつたって移動するので、引っ越し先も風まかせ。新しく網を張った場所にエサがあまりいなければ、また引っ越しを繰り返します。こうしてよいエサ場所を試行錯誤で探します。

他にも網の張り方に影響するものがあります。風が強く吹く場所では、たて糸を増やして壊れにくい網にしますし、うっかりけもの道のようなところに網を張ってしまって通りかかった大型動物に壊されたりすると、その場所を避けて網を張り直したりします。

それから、網作りの最中は、天敵への警戒がおろそかになる危険な時間です。ですから**天敵がまわりにいると思うと、クモは網を小さく張ります。**網の形を単純にして、張る時間を一〇パーセントほど短縮するという技もあります。クモは賢いとはいえ、複雑な網を張ろうとすると時間がかかるのは人間と同じなようです。

なんとかとハサミは使いよう。できの悪い道具でも、使い手次第で効果を発揮できるわけですから、エサをとるための自然界最強の道具の網を、高度な技をもつクモが使えば向かうところ敵なし。地上のどこでもクモを見かける所以(ゆえん)です。

季節の終わりになると、どれほどエサを食べたのか、お腹がパンパンに太ったクモをよく見かけるようになります。しかし、飽食はそれ自体が目的ではありません。クモの仕事は、子を残して初めて完結するからです。

孤独に生きるクモといえども、蓄えた栄養を子どもに変えることは、自分だけではできません。同じ種類だけど赤の他人でもある異性、これが必要です。でも、誰かを相手にするのは、エサをとることとはまた違う種類のややこしさをもっています。

虫取り網でパスっと捕まえるようにはいかないよ。と、授業で森を歩いていて、ときどき耳に入ってくる学生たちの無邪気な恋バナを聞きながら、私はクモの一生に思いをはせるのです。

コラム 八本は八本でも

クモを飼って室内で研究するのは快適なものです。けれど、もちろん野外で観察することもあります。つらいのは、暑さと蚊。夏なんて嫌いです。

真夏の陽射しの中、草の間に網を張るクモの観察をします。遮（さえぎ）るもののない河原でジリジリ焼かれ干物と化す私。泣きそうになるので、森の中に棲む別の種類を調べることにすると、今度は蚊に襲われます。しかし蚊というものは、噛まれすぎるとだんだんかゆさを感じなくなるのが不思議です。暑さのほうはそうもいかないので、どちらを取るかというとまだ蚊のほうがましでしょうか。

といっても避けられるものなら避けたいのが人情。最近は農作業用の虫よけメッシュスーツを着て上半身を守っています。これはすこぶる優秀で、蚊に噛まれる回数は激減しましたが、携帯用の蚊帳（かや）を頭からかぶっているようなものなので、傍（はた）から見ていると異様です。ですので、人に出くわしたときに気を遣います。森の中を歩いていると、頭からズッポリとネットに覆われた人が向こうから現れるわけです。私なら逃げ出します。

庭に放したクモを夏に観察するときにも、暑さと蚊はトレードオフです。昼間なら蚊が活動しなくなるのですが、やっぱり暑さはイヤなので早朝に観察すると、盛大に蚊にたかられます。家族は蚊取り線香を焚けば？　と言うのですが、クモの行動に影響するかもしれないのでグッとガマンです。しかたがないので、血を吸っている蚊を見つけては、優しく叩いてクモのエサにしてやります。私のからだが間接的にクモの血となり肉となるわけです。

蚊に噛まれているだけならかわいいものですが、あるとき、手足に赤いブツブツが一〇〇個以上も現れてきたことがありました。で、これがかゆいのなんのって。じっとしていればよいのですが、歩いたりして血行がよくなると、とてもじっとしていられないくらいかゆくなります。かといってからだを動かすとさらに血行がよくなる悪循環。しかたがないので、医者に行きました。

そうしたらパーマの女医さん、症状をひと目診るなり断言です。

医「これは蚤よ、典型的な蚤。ネコノミね。あなた、ネコやイヌと触れ合ったりする？」

夏のクモ採集ファッション

私「いいえ」
医「じゃあ、○○公園とか行く？　あそこの草むらはもうネコノミだらけ」
私「行きませんけど、草むらならちょくちょく近づきます」
医「それよ、それ。それにしても、蚤だったら症状は足だけ出るのが普通だけど、腕に出るのは珍しいわねえ」
私「あー、かがんで虫をとったりすることも多いですけど」
医「虫？　昆虫じゃなくて虫？　研究か何か？」
私「ええと、正確に言うと昆虫じゃなくて、クモなんです」
医「ぎゃー！　くもー！　わたし、にがてなのよねー！　ぎゃー！」
私「（虫嫌いでよく皮膚科をやってられるよなあ）」
医「でも、クモはまだマシよね、脚八本だから。私が一番キライなのはダニよ、ダニ」
私「ダニも脚八本なんですけど」
医「ぎゃーーーー！」
ということで、それ以来、いくら暑くても、短パンサンダルでクモを見に行くのはやめました。これで完全防備です。

第4章 恋するクモたち

すきです！

どうしようかしら

クモのオスは、脚を使って子作りする

〝しかし恋は盲目であり、恋人たちには自分たちの犯すかわいい愚行がわからない〟

シェイクスピアの『ヴェニスの商人』に出てくる言葉です。確かに、のぼせちゃってまわりが見えなくなってしまうと、傍から見て愚(おろ)かとしか言えない行動をしてしまう……今ここにタイムマシンがあったら、まともじゃなかった十代の私を必ずや拉致(らち)して、あれやこれやの黒歴史を抹殺すべく、こんこんと説教してやるのに……。

クモのオスメスの間にも、私たちから見れば、とてもまともとは言えないあれやこれやがあります。そもそも、クモのオスは、脚を使ってメスに精子を渡すのです。私が何を言っているのかわからないかもしれませんが、それくらい人間の常識を飛び越えているということです。

私たちを含め多くの動物は、お腹にある交尾器を使って子作りします。ところがクモでは、口の左右に一本ずつある、脚が変形してできた「触肢(しょくし)」という器官が交尾器の役割を果たします。そんなわけで、お腹を重ねるという意味のある「交尾」という語は、クモにはふさわしくありません。代わりに「交接」という言葉を使います。

触肢はもともと脚ですから、多くの動物の交尾器とは違って、お腹にある精巣とはつながっていません。そのためオスは成熟すると、糸で受け皿を作って、そこに精子を出し、左右の触肢の先にある袋に吸い取り一時的に蓄えます。こうして触肢を使った交接の準備が整うわけです。チャージ完了。

オスの触肢にはこの袋があり、さらに精子をメスに受け渡すための複雑な構造もあるので、先がボクシングのグローブのように膨らんでいます。一方のメスの触肢は細長い棒のようになっているので、これさえ知っていればクモのオスメスを簡単に見分けることができます。

クモのメスは、受け取った精子をためて使う

メスの交尾器のつくりも人間とは大きく違います。触肢を受け入れ

オスの触肢。精子を受け渡す役割があるので、先が膨らんでいる
提供：京都九条山自然観察日記

る孔(あな)が、オスに合わせて左右二つあり、その奥に受精のうという袋がそれぞれ一つずつつながっています。受精のうは、出会ったオスから受け取った精子を入れて、長く生かしておくことができます。そして産卵の準備が整ったところで、受精のために使います。そのためクモは、人間のように子作りのたびに事におよぶ必要はありません。一度交接してしまえば、オスとメスが一緒に暮らさなくてもよいのです。

オスにしても、事が終われば、うかうかメスの近くにとどまっているわけにはいきません。クモは共食いする生き物です。

少しでもたくさん食べて卵を多く作ることが、生物としてのメスの成功につながるのですから、食べられる物ならなんでも食べます。自分と同じ種類でも容赦(ようしゃ)しません。というか、栄養バランス的に言うと、同じ種類のクモのからだは効率的です。自分とよく似た栄養成分からできているはずですから無駄がありません。

というわけで、**メスから見れば、言い寄ってきたオスは、食物として大変魅力的**です。オスとしては、エサにされては困るので、たった今つながったばかりのメスの攻撃をかいくぐって、早々に他の相手を探しに行くことが普通です。

中には、メスの網の中やすぐ外にオスがいて、同居しているかのように見える場合もありますが、そういうオスは、まだ成熟していないメスが大人になるのを待っているか、すでに交接を終えていて、他のオスがメスに近寄ってきたときに邪魔しようとスタンバイしているか、のどちらかです。情を交わしたメスと一緒に暮らしたいとか、メスの生活を助けたい、とかではありません。

メスにしても、オスと同居して交接を繰り返しても、よいことはほとんどありません。それよりも、いろいろなオスを相手にして多様な性質をもった子を産めば、子孫の存続に役立つのでよいと考えられています（これは種の繁栄ではないことに注意してください。あくまで自分の血のつながった家系の繁栄だけを意味しています）。

オスの側から見ると、メスが自分以外のオスとつがおうとすることは、喜ばしいことではありません。メスの産む子すべての父親にはなれなくなるからです。つまり、自分の子の数が減る。これを避けるには、他のオスを経験していないメスと交接することと、交接が終わったメスが他のオスから精子をもらうのを邪魔することの二つが役に立ちます。

共食いは合理的な選択？

メスがオスをエサにする共食い。男性の私には心の奥底に眠っている原始的な恐怖を引きずり出される話題です。求愛するオスの何パーセントがエサにされるかは種類によって違っていて、九〇パーセント近くが食べられるものから、ほとんど食べられないものまでいます。

私が最近交接行動を観察している種類だと一〇パーセント以下なので、まあまあ心穏やかに見ていることができます。それでもたまにメスがオスを捕まえて糸で巻き上げ始めるところに出くわします。そんなときには、つい助け出したくなってしまいますが、そんな介入をしてしまったら、研究のためのデータがおしゃかになるので、心を無にして食われる姿を眺めています。ごめんなさい。

共食いが起こるのは、つがう前に求愛しているときの場合もありますし、事が終わったあとの場合もあります。終わってからであれば、メスにとってオスの役割はもうありませんし、オスにしても自分が食われればメスの栄養条件がよくなります。そうすれば子をたくさん残すことが期待できるので、エサとなっても割に合うでしょう。

実際、オスを食ったメスの産む子は生存率が高くなることがわかっています。ですから、交接のあとの共食いは、恋人たちの愚かな振る舞いではなく、オスメス両者の利害が一致した合理的な行動の結果かもしれません。

セアカゴケグモは、一九九五年に日本に入っているのが見つかった外来種です。噛まれるとかなり痛みを感じることで有名で、見つかるといまだに騒ぎになります。

それはともかく、**このクモのオスは自殺をすることでも有名です。**交接中にメスに食べてもらうため、自分から口の前に身を投げ出すのです。セアカゴケグモの場合、オスはメスから逃げても、他のメスと出会うことは、ほとんどないらしく、それくらいならいさぎよく食べてもらったほうが自分の得になるため、わざわざエサになりに行っている、と考えられています。

私の本能が、この行動が合理的だと認めることを拒絶しろ！　と叫んでいるのですが、自ら身を捧げたオスが自分の子をたくさん産んでもらっているという証拠を見せられては、認めないわけにはいきません。合理的、という言葉がトラウマになりそうです。

一方、求愛中の共食いだと、オスにとっては食べられ損、何のメリットもない愚かな行為です。メスにとっても精子をもらう機会を逃すわけですから、愚かな振る舞いのように一見思えます。しかし、メスが子作りの相手を選り好みしているのだ、と考える人もいます。言い寄ってきたオスが魅力的なら精子をもらい、気に入らなければ食べてしまう、というわけです。だとすると、これもメスにとっては合理的な行為なのかもしれません。オスはメスに負けて食われているわけです。

なぜオスはメスに負けるのか？

それにしても、オスはなぜ負けてしまうのでしょう？　このことと関係しそうなのが、オスとメスの大きさの違いです。クモは私たちとは逆で、メスのほうがオスよりからだが大きいことが多い生き物です。大きさからくる力関係の違いで、オスは意に反してメスに共食いを強いられているようです。

もしそうなら、両者の利害が一致しているように見える交接後の共食いも、セアカゴケグモのような極端な場合を除けば、オスが負けて食われているのかもしれません。そう思うと、ほんの少しだけホッとします。

ところで、オスメスのサイズの違いは、とくに網を張るクモで大きくなっています。**オスは一回りも二回りも小さいので、それと知らなければ同じ種類に見えない**くらいです。大人になったオスは食べるのをやめて、子を残すためメスを探して歩き回ります。このため、からだに余計な荷物がついていない小さいオスが有利なのかもしれません。

一方のメスは、からだが大きければ大きいほど卵をたくさん抱えることができるので、大きさの違いがどんどんひろがっていったのでしょう。

オスの脚はからだの割には長いことが一般的です。オスの脚が長ければ、交接のときに、大事なからだをメスから遠くに離しておくことができます。そうすれば、襲われたときにも、トカゲのしっぽのように脚だけ切り離して本体は逃げられる可能性が出てきます。また、脚が長いほうが効率的に移動できるのでメスを探すときに役に立つのかもしれません。実際、歩き回るクモの中にはメスがオスを探し回る種類もいて、この場合はメスのほうが脚が長くなっています。

オスたちの共食い回避大作戦

クモのオスにはセアカゴケグモのように自ら食べられに行く種類もありますが、共食いされないような工夫を身につけた種類もいます。この工夫の数々は、私たちの常識を破壊するクモの性行動の中でも飛び抜けてパワフルです。

たとえば、求愛するときに、エサをプレゼントする。オスはメスがエサを食べている間に事に及びます。口がふさがっていては食べられまい。

といっても、メスがエサを食べていれば安全かというとそうでもなく、種類によっては、プレゼントされたエサを食べるのをやめて、オスに向かおうとす

エサをあげて求愛するキシダグモの仲間。左のオスが口にエサをくわえている

提供：alamy

るメスもいます。するとオスには奥の手があります。死んだふりをして、じっと動かなくなるのです。すると、メスはまたエサに興味を戻します。そうすれば、オスは交接ができるというわけです。

オスが望んでいないのに食われてしまうのは、メスのパワーに負けたときです。ならば、そこを迂回（うかい）してしまいましょう。

ジョロウグモのオスが使うのは、メスが脱皮したあとのタイミングです。節足動物は脱皮直後はからだの表面が柔らかいので、いつもより行動が不自由になります。オスは、あと一回脱皮すれば大人になるというメスの網の端のあたりに棲んで機会を待ちます。そして、メスが脱皮して柔らかいからだで脱皮殻からぶら下がっているときに、忍びよって交接します。なんともいじましい姿に涙を禁じえません。

オスが交接の前にメスの頭と前脚をぐるぐる巻きに縛り上げてしまう種類もいます。スパイダーマンもかくやという方法で、襲ってこられないよう身動きできなくするわけです。こういう力技を見ると思わず拍手したくなりますが、メスがおとなしくなるのは糸に気持ちを落ち着かせて攻撃性を和らげるための

脱皮直後のメスに交接を試みるジョロウグモのオス

提供：北杜市オオムラサキセンター

フェロモンが含まれているから、という説もあります。香りでうっとりさせているのなら、意外とキザなのかも。

セアカゴケグモのオスは自ら食われるしおらしいクモだと思われていましたが、思いもつかない方法で共食いを避けていることが最近発見されました。大人のメスのパワーに勝てないなら、子グモに言うことを聞かせよう、という作戦に出ていたのです。

といっても動物の世界では、子を作る能力をもっている、ということが大人の定義です。つまり、子グモはまだからだが完成していないので、本当なら交接はできないはず。ところが、あと一回脱皮したら大人になる段階のメスの子グモには、すでにお腹に受精のうができています。それでもまだ子グモなのは、精子を受け取るための孔が開通していないからです。

オスはそんな子グモのお腹に牙を刺して穴を開けます。そして、そこから受精のうに精子を送り込むのです。精子は子グモが脱皮してもメスの体内で生き続け、大人になったのちメスが産卵するときに使われます。子グモはオスを食べようとはしないので、かくしてオスの安全は保たれます。

メスをめぐる戦い

さて、交接の前には、オスがメスを見つけて求愛しなければなりません。オスが広い世界でどうやってメスを探しているかはまだよくわかっていないことも多いのですが、どうやら糸が手がかりになっているようです。オスがクモの糸に出くわしたときに、その糸がメスのものかどうかは触ればわかります。フェロモンが含まれているからです。メスが交接済みかどうかわかる種類もいます。メスの糸だとわかれば、それをたどっていけばよいわけです。ちなみに、クモの糸は赤くはありません。

めでたくメスを見つけることができても、ときには、すでに他のオスが先に来ていることもあります。諦めて他のメスを探すか、それともこのオスと戦ってメスを奪い取るか。

勇ましいことをいってもタダで争いはできません。ケンカになれば、どちらのオスもケガをする可能性があるのです。野外では、脚が何本か欠けたオスのクモをちょくちょく見かけます。ああいうクモがいる理由は、一つにはメスに食われかけたからですが、もう一つがオス同士のケンカがエスカレートして取っ組み合いになったからです。

クモは、他の生き物に脚に嚙みつかれたりして危機的な状況になると、自分で脚を切って逃げ出すことができます。脚を失っても、噛みつかれたままで食われるよりはずっとましだからです。

脚の一本二本無くてもオスは死にません。**脚の関節には、自分で無理なく切り落とすための仕組みが備わっていて、切れたところから大出血したりしない**のです。ですが、脚の数が減れば、動くのが不便になるので天敵に食われるリスクが高くなりますし、ケンカに勝ってメスと交接しようとしても失敗しやすくなったりします。

戦いを避けるためのアピール合戦

ですから、ケンカしてメスを奪い取る！　といっても、むやみやたらとふっかけるわけにもいきません。理屈の上では、相手と自分とどちらが強いかを見極めて、戦うかどうかを判断すればよいことになります。

それから、メスが戦うだけの価値があるのかも判断に加えるべきです。たとえばメスのからだが大きかったり、まだ交尾の経験がなかったりして、自分の子どもをたくさん産んでくれそうなときは、少しくらい自分の勝ち目が薄くても頑張ってケンカしたほうがよい。

しかし、このロジックには大きな問題が一つあります。自分と相手のどちらが強いかどうやってわかるのでしょう？　人間のようにまわりの人と長く付き合っていれば、互いの実力は直接戦わなくてもなんとなくわかります。しかし、クモの場合、オス同士が出会ったときは、ほぼ間違いなく初対面です。どうすれば戦うことなく相手の強さを知ることができるでしょう？

そのための方法が、相手に自分の強さを知らせるためのアピール合戦です。ハエトリグモは、オス同士が向かい合い、前脚やアゴを大きくひろげて、どちらが大きいか比べ合います。ケンカの強さにはからだの大きさが効いてきます。ですから、こうすれば、お互いの強さがわかります。

からだに表れる色や模様を使ってアピールする種類もいます。こういうクモでは、**オスの栄養状態や健康状態がよいと、色が鮮やかになったり、模様が大きくなったりします。**元気だとケンカに強いので、色鮮やかなオスは避けるのが賢明です。

ともあれ、アピール合戦をすることで、お互いの実力がおおよそわかります。勝ち目がないと思えば、弱いほうはさっさと逃げればよい。こうして諦めてくれるのは、強い側にとってもありがたい話です。どんなに実力があっても、取っ

提供：PIXTA

脚をひろげて大きさを比べ合うハエトリグモのオス

組み合いになってしまえばハプニング的にケガすることだって考えられます。ラッキーパンチでKOです。なので、戦わずして勝てるならそれに越したことはありません。

張りあっているオスが、自分の実力をアピールし合うのは、お互いのためだということです。

いざ求愛！

さて、まわりにライバルがいなければ、無事に求愛にこぎ着けられます。ここは、オスの人生でとても大事な場面です。なにせ、ここで成功すれば子を残せますが、失敗すると最悪食べられるのですから。天国と地獄です。

まずやらなければならないことは、「あなたの前にいる生き物は同じ種類のオスだよ」とメスに伝えることです。そのために、オスは儀式のように、種類ごとに決まった手順に従って行動します。この手順が合言葉のように働いて、メスにメッセージを伝えます。

メスがオスを選り好みする種類では、加えて、質が高いオスかどうか、たとえばケンカしたら強いか、とか、健康か、などを伝えることが大事です。うまくメッセージを伝えられれば、メスも得をします。自分の子に、オスの高い性質を受け渡すことができるからです。

このために、ハエトリグモやコモリグモは、感覚を総動員してメスにアピールを行います。コモリグモの中には、オスがフェロモンを使い、前脚や触肢を使って地面をドラムのように叩いて振動を伝えながら、前脚に生えているフサフサした毛をメスに見せびらかす種類がいます。フサフサ度合いはオスの質をメスに伝えるため重要で、フサフサ度が強いとメスに受け入れてもらいやすいのです。

ハエトリグモでは、オスがメスの目の前に回り込んで、左右のステップも軽やかに、脚を振り上げ音をたてながらダンスを踊ります。メスはそんなオスの動きを眼で追います。ハエトリグモは、オスだけが鮮やかなからだの色をしている種類が多く、これはオスの見た目が求愛が成功するかどうかを決めているからです。

こういう求愛ができるのは、からだが小さいのに眼がとてもよいからです。網を捨ててしまったクモですから、離れたところの様子を、脚に伝わる振動以外の方法で知る必要があったのでしょう。

ハエトリグモの八つの眼は頭をグルリと取り囲んでいて、ほぼ三六〇度が見えています。そのうち、視力がよくて物の形を知るのに使えるのは、前を向いた二つです。この小ささの生き物にしては、視力のよさは群を抜いていて、一番解像度が高い種類では、視野のうち角度で〇・〇四度ほどを覆うくらいの大きさのものであれば、見分けることができます。これは一メートル先にある〇・七ミリほどの大きさのものに当たり、もっと具体的なたとえをいうと、地上から見た満月は角度で〇・五度だということなので、ハエトリグモは月の直径の一〇分の一より小さいものまで見えるということです。ハエトリグモも満月にウサギを見ているのかもしれません。

ただし、この二つの眼は、解像度がよい代わりに視野がとても狭いのです。そのため、クモはからだを見たい物のほうに向けたり、眼の奥で網膜をあちらこちらに動かしたりして物を見ています。

クモに恋はあるのか？

網を張るクモは、糸を揺らして作った振動を使って求愛します。エサがかかったことが振動で伝わるように、オスの情熱は糸をつたってメスに届きます。視覚は使いません。というか、網を張るクモはもともと視覚があまりよくありません。

メスはどうやってオスの質を見分けるのでしょう？　網を張るクモの中には、同種であれば好き嫌いなく、どんなオスでも受け入れる種類がたくさん見られます。メスがほとんど移動しなければオスメスが出会う機会も少なくなるので、選り好みはしていられないのかもしれません。

網を張るクモの求愛では、オスはまずメスの網に侵入し、内側に進みます。網の糸を脚で時折ぐいっと引っ張りながら、エサと間違われないよう、ゆっくり慎重に。メスも応えて網を揺らすことがあります。

種類によっては、オスがそのままどんどん網の中心に進み、メスに直接触れることで求愛しますが、多くの場合、オスはいったん網の外に出て、自分の糸を一本外から張って網の糸につなぎます。そして、この糸を脚でリズミカルに引っ張ったり叩いたりします。

するとその振動がオスの糸から網に伝わり、たて糸を走って中心にいるメスに届きます。ラブコールです。オスを感じたメスは、振動が来る方向に歩き出し、オスの張った糸に、ぶら下がった状態で進みます。糸を揺らし続けるオスも少しずつメスに近寄ります。

程よくこなれてくると、メスは前脚を糸から離して後ろ脚だけで糸につかまり、交尾器のあるお腹側をオスにさらします。すると、求愛から始まるオスメスの高まりはピークに達し、オスはメスのからだに前脚で触れながら、ついに

交接中のチュウガタシロカネグモ

触肢をメスにあてがい、精子を送り込みます。人間とはほとんど理解しあえない違う種のはずなのに、しかも私はすでに何百回も見ているのに、このシーンだけはいつ見ても感情移入して興奮してしまいます。

ということで、網を張るクモにとって、恋は文字どおり盲目です。でも、彼ら彼女らのやっていることは、決して愚行ではありません。いくら私たち人間の目から見て理解できないものだとしても、ある種の合理性に貫かれています。

そういうところに恋はあるのでしょうか？　私にはよくわかりませんが、危険を顧（かえり）みず求愛し交接のためにメスに向かっていくオスの姿と、おずおずとでもしっかりした足取りで自分の網を出て行くメスの姿に、つい彼ら彼女らの心の高まりを読み取ってしまうのを抑えることはできないのです。

©Melissa McMasters 2016

ハッピーフェイススパイダー *Theridion grallator*

ハワイに棲むヒメグモ科の一種で、お腹の模様が個体によって大きく変わり、一部の個体では、笑った人の顔のように見えるのが名前の所以。模様がいろいろあるのは、私たちが探し物のイメージを頭に描くと見つけやすくなるように、天敵の鳥が、あらかじめ一つの模様のクモを決めてエサを探すからだと考えられている。一番多い模様を頭に描くとエサが見つけやすくなるので、少数派の模様をもつクモが生き残りやすいということである。脚は長い。葉の裏にフィルム状の網を張ってエサをとる。

提供：PIXTA

ピーコックスパイダー *Maratus* spp.

オーストラリアに棲むハエトリグモの一グループで、80 種類以上がいる。多くの種類のオスで、腹部の背中側に極彩色の模様がありきわめて美しい。求愛のとき、オスは腹部を掲げて背中側を前に向け左右に振る。同時に飾りのついた三番目の脚も上下に振りダンスを踊る。これが日本語だとクジャクグモとなる名前の所以である。通常たたんでいる扇状の腹部をひろげたり、腹部を縁取る毛を逆立てたりして、求愛の効果を高める種類も多い。メスはご多分に漏れず地味な色をしている。

提供：alamy

ミズグモ *Argyroneta aquatica*

世界で唯一の水中生活をするクモ。エラはなく呼吸には空気が必要。湖沼で水草などの周囲に糸を使って部屋を作り巣とする。クモは水面に出て毛の生えた腹部のまわりに空気の泡を作り、水に潜って巣に運び中にためる。クモは巣から泳ぎ出し、水生昆虫など水中の小動物をとらえ、持ち帰って食べる。北方系の種で、アジアからヨーロッパに至る地域に広く分布する。日本にもいるが数は少なく絶滅危惧 II 類。

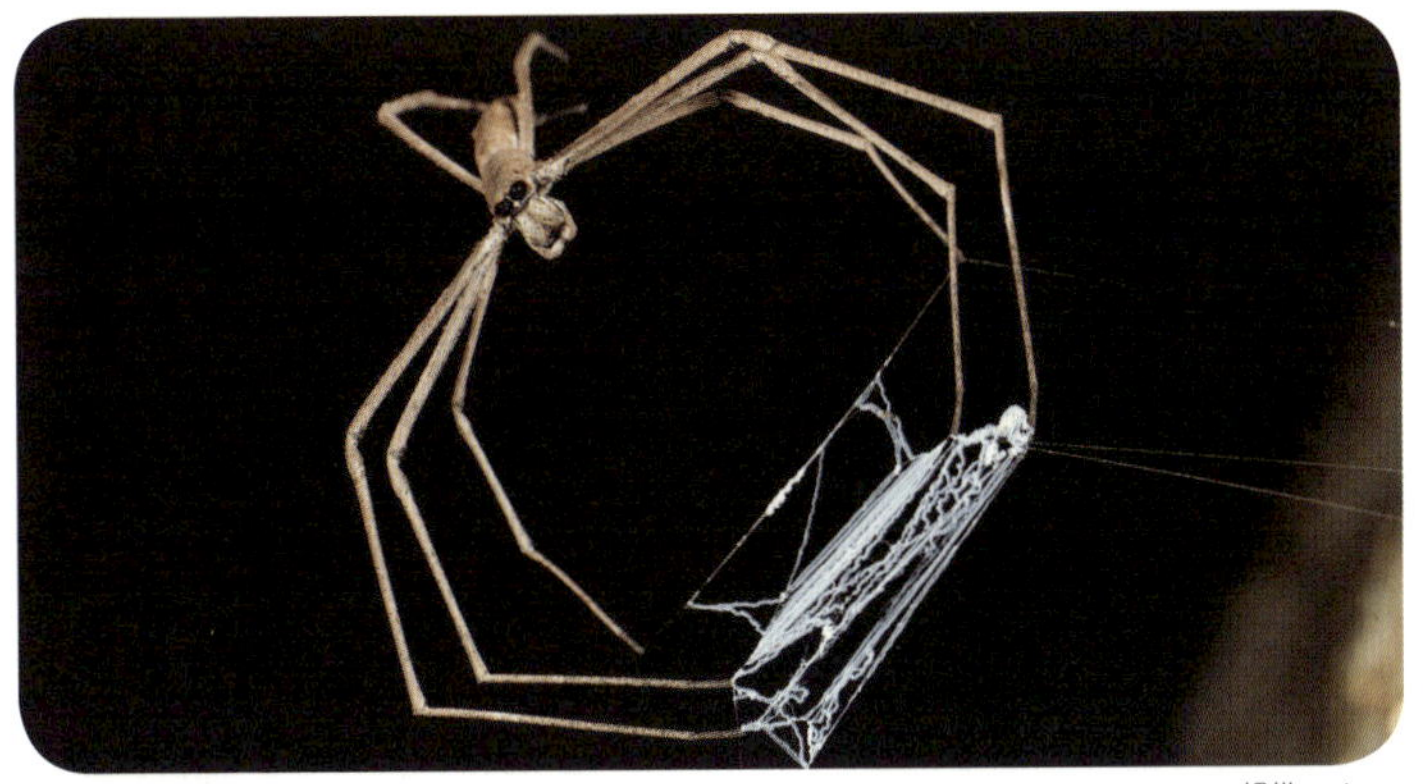

提供：alamy

メダマグモ *Deinopis* spp.

恒常的で大きな網を張るのではなく、地面の上に頭を下にして糸でぶら下がり、持ち運び用の小さな網を作って二対の前脚でひろげて待ち構える。その下をエサが通りかかったら、網ごと飛びかかって捕まえる。エサを一匹捕まえるたびに、網を作り直す。夜行性で、光が少ない状況でも、エサをちゃんと見つけられるよう、正面を向いた二つの眼が巨大になっており、この目立つ眼が、名前の由来。網を張るクモの中では例外的に視覚に優れている。熱帯の広い地域に 50 種ほどが分布しており、日本にはいない。

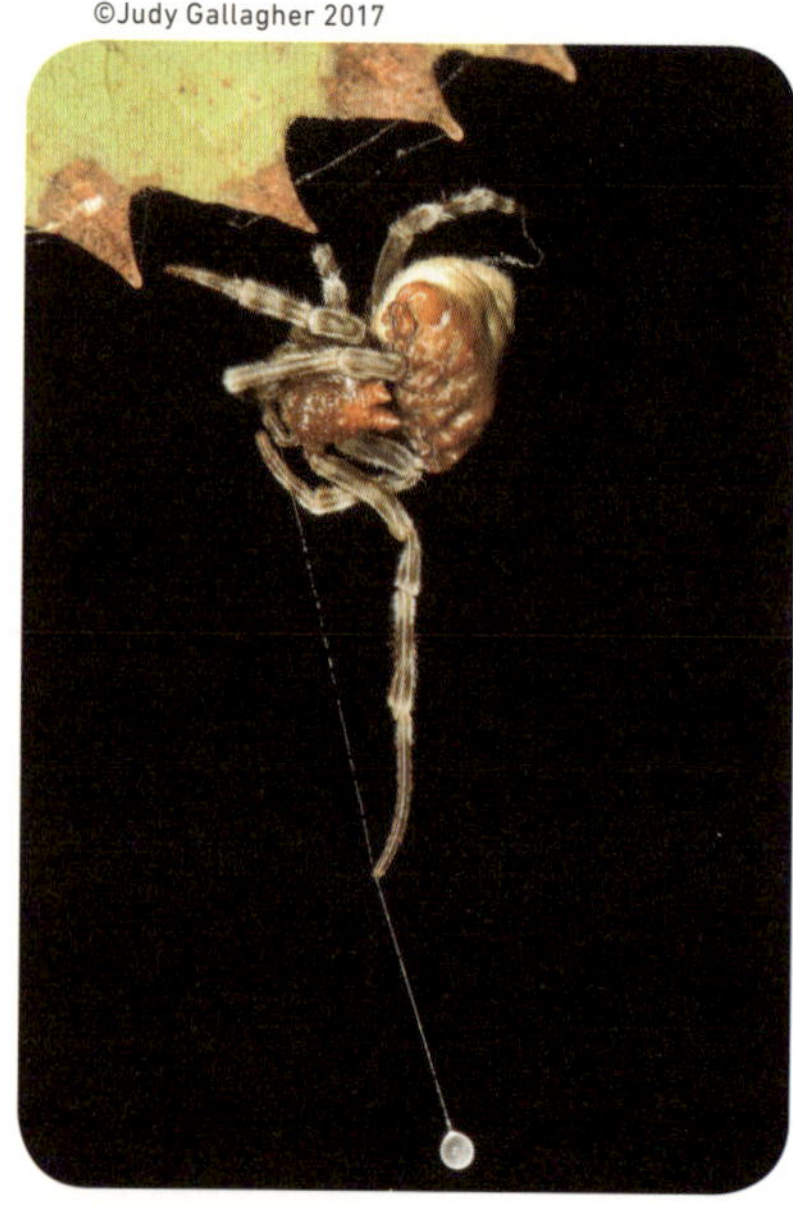

ナゲナワグモ

Mastophora spp.

こちらも網を張らずに、先端に大きな粘球をつけた1本の糸を作り、2番目の脚からぶら下げて、投げ縄のように振り回す。エサとしては、もっぱらガを狙うスペシャリストで、ガのメスがオスを呼び寄せるためのフェロモンと類似の匂い物質を放出して、オスをだまして呼び寄せる。新大陸に50種ほどが分布する。日本には、同じやり方でエサをとるイセキグモの2種、ムツトゲイセキグモとマメイタイセキグモがおり、どちらも愛知県では絶滅危惧I類。

ダーウィンズバークスパイダー *Caerostris darwini*

世界最大の網を張るクモ。幅25メートルにも及ぶ川や湖の上に糸を渡し、その下に円い網をぶら下げる。円い部分の面積は最大2.8平方メートル。マダガスカルに生息し、2010年に新種として記載された。糸の切れにくさもクモ界トップで、切るために大きな力が必要かつよく伸びるので、結果として、平均的なクモの糸の2倍も切れにくくなっている。糸が切れると水に落ちてしまうのだから、切れにくい糸が進化してきたのもよく理解できる。木の皮（バーク）に似た近縁種がおり、ダーウィンの『種の起源』発行のちょうど150年後の同じ日に発見されたのが名前の由来。

© Ryan Somma 1980

ルブロンオオツチグモ *Theraphosa blondi*

南米の熱帯雨林にいる、脚を伸ばせば 30 センチメートルほどになる世界最大のクモ。別名ゴライアスバードイーター。名は体を表さず、鳥はほとんど食べない。オオツチグモとはいわゆるタランチュラのことで、毒グモとの誤解がひろがるタランチュラの中に、人間に危険な毒を持つ種類は多くないように、ルブロンオオツチグモも毒の心配はない。しかし、このクモは身を守るためのもう一つの手段をもっている。お腹に生えた無数の毛を脚でこすって天敵に向けて飛ばすのである。銛(もり)のような形をしたこの毛が刺さると激しいかゆみを感じる。

提供：alamy

トゲグモ *Gasteracantha* spp.

お腹によく目立つトゲ状の突起を持つクモ。腹部は硬く横長。アフリカ、南・東南・東アジア、オーストラリアおよび新大陸に 100 種ほどがいる。熱帯にはトゲが大きくなった種類が見られ、斜め後方につき出して腹部の 4 倍ほどの長さにまで達するものもいる。また腹部にカラフルな模様をもつものが多く、種類によって赤、黄、オレンジ、黒、茶色、青、緑、と派手な見た目をもつ。日本には短いトゲを 6 本持つ種類が棲むが、お腹の模様は白地に黒と比較的地味。埼玉県、三重県、愛知県では絶滅危惧 II 類。沖縄には近縁のチブサトゲグモがいる。

第5章

クモ的思考 その1
個性って？

そんなつもりじゃ…

かかってこいや

あ!?

てへ

個性は「特別だ」という意味ではない

女子大の春は、リクルートスーツを着た学生で満ちあふれます。彼女たちは「会社や仕事ってどう選んだらいいいですか?」「私に向いている仕事って何?」「面接で話すことがない」などなど話しながら歩いています。

学生たちと接していると気がつくことがあります。個性がある、という言葉を、特別だ、とか、普通と違っている、というような意味で使っている人が多いのです。

こういう学生は、就職課が開くガイダンスで「個性を出すのが大事」とか言われて「無理。だって、私はどこにでもいる普通の大学生だから。特別なんかじゃない……」と困っています。

でも「個性」というのは、そういうものではありません。

ペットを飼ったことがある人なら、イヌとかネコに「個性がある」と感じたことがあるでしょう。家の中でクモを見つけるとすぐに捕まえようとするネコもいれば、からだの上をクモが歩いても反応しない、おとなしいネコもいます。同じネコなのに、それがクモを見ているという同じ状況にあるのに、違うことをする。私たちは、こういうところに、個性を感じるわけです。

人の場合でも同じです。就職活動でも、早い時期からどんどんエントリーシートを送って、ＯＢ訪問も積極的にして、内定をたくさんもらって悠々としている学生もいれば、なんとなく気乗りがしなくて、ほとんど何もできずにズルズルきてしまう人もいる。

動物行動学の世界では、個性は二十世紀の終わり頃から重要なテーマの一つとなっています。単純でみんな同じだ、と思い込んでいた動物たちが、よく調べてみると、めいめい違っていることに気がつき始めたのです。

イヌやネコに詳しい人からは「そんなこと当たり前だろ、これだから学者は世間知らずだ」と言われかねないのですが、研究が進むにつれて、**魚とか昆虫とかタコとかイソギンチャクとか、そしてもちろんクモにも、個性があることがわかってきました。**ひょっとしたら、すべての動物にあるかもしれません。当然人間にも個性があるはずです。どうして学生たちは、自分たちには個性がないと思い込むのでしょうか？　不思議です。

ただし、違うことをしているだけでは、個性があると言い切るには不十分です。生き物がどういうことをするかは、偶然決まることもあるわけで、そのような偶然が、違う個体の違う振る舞いを作り出しているかもしれません。

たとえば、二人でじゃんけんするとき、一人ひとりが何を出したかは偶然で決まっています。ですから、ある人がパーを出し、もう一人がグーを出すことがあるわけですが、この違いは個性とは関係ありません。でも、もし、じゃんけんで必ずパーを出す人がいたら？　子どもと遊ぶときのじゃんけんでも、ゼミで発表の順番を決めるときのじゃんけんでも、大皿に一つ残ったおかずを奪い合うときのじゃんけんでも、いつでもパーを出す。そんな人は現実にはいないのですが、でも、もしいたらどうでしょう？「あの人はそういう人だよね」と必ずや言われます。

こういうものが個性です。状況が違っていても、振る舞い方に一貫性が見られる。これが個性の本質です。

侵入者に対してどう振る舞うかという一貫性

一貫性には二つの面があります。一つは、同じ状況ならいつでも同じ振る舞いを繰り返すというものです。

キタノオニグモの例で説明しましょう。あるクモが誰か別のクモの網に侵入してしまったとします。網の持ち主の反応はいろいろですが、中には噛みついたり追っ払ったりと、侵入相手に厳しくアタックするものがいます。このようなクモは、そのときたまたま機嫌が悪くて攻撃的になったわけではありません。というのも、しばらくしてまた別の誰かが網に入ってきたときも、やっぱり最初と同じように侵入者に厳しく対処するからです。

一方で、侵入者がいても網を揺らして威嚇（いかく）するだけだったり、近づいて様子を見るだけしかしないクモもいます。こういうおとなしい個体は何回侵入されても穏やかな反応しか示しません。こういうときに、「この種類のクモは〝攻撃的vs.おとなしい〟、という個性の軸をもっている」ということができます。このクモには他にも、人間に捕まって飼育ケースに入れられたときに、いつでもすぐにケースの中を探索し始める個体と、毎回じっと動かなくなる個体がいるという話です。

どんな場面でも振る舞い方に共通性があるという一貫性

もう一つの一貫性は、文脈が違っていても、振る舞い方に共通性がある、というものです。ここでの文脈とは、生き物がある行動をするときに置かれている状況、という意味で、たとえば、エサを襲うときと、天敵に襲われて反撃するときとでは、同じ攻撃でも状況が違います。こういうことをさして、文脈が違う、といいます。

文脈が違えば、どういう振る舞いをするかも違ってきます。ですが、そのような違う行動の間で、共通した要素が見られることがあります。今度はクサグモの仲間の例で説明します。

この種類には、エサがかかったときに、いつでもすぐに捕まえに行く個体と、グズグズしてなかなか隠れ場所から出ていかない個体がいるのですが、エサを急いで捕まえようとするクモは、他のクモが網に入ってきたときもすぐに追い払いに行きます。

つまり、「エサをとる」と「侵入者を追っ払う」という二つの間には、見た目は違っていても何か共通する部分があって、片方の状況で素早く反応するクモは、もう片方の状況でも速く反応する、ということです。この共通する部分のことを、私たちは「個性」と呼びます。この例だと、「せっかち」vs.「のんびり」という個性の軸をクモがもっていて、相手がエサでも侵入者でも、同じように発揮される、というわけです。

ハシリグモの一種では、求愛のために近寄ってきたオスを、手当たり次第に食べようとするメスがいることが知られています。このクモの場合、共食いしやすいメスは、エサを攻撃するときも積極的です。まさに肉食系中の肉食系。キングオブ肉食系です。これも裏に「攻撃的」という個性が隠れている例です。

第4章でお話ししたように、クモのメスは、言い寄ってきたオスを、共食いすることがよくあるので、メスが攻撃的なこと自体はあまり不思議ではありません。ですが、この種類の場合、共食いは交接の前によく起こるので、なぜ他より攻撃的なメスがいるのかは少し不思議です。オスを食べてばかりいるメスは、交接ができず、精子をもらう機会を逃してしまうからです。

メスの立場に立っていうと、これはまずい。子を残すことに失敗する可能性が高くなるからです。クモの仕事は、突き詰めていえば子をたくさん残すことですから、これでは何をやっているのかわかりません。いくらオスを美味しくいただいて太ったとしても意味がないのです。

ですが、エサを食べるときだけにかぎれば、高い攻撃性はクモの役に立ちます。逆に、おとなしいクモは、エサをちょくちょくとり損ねることになるでしょう。子グモの時代は、繁殖する必要がなく、ひたすら食べて大きくなるだけでよいのですから、攻撃性の高さは有利です。

しかし、禍福(かふく)はあざなえる縄(なわ)の如(ごと)し。**肉食系のメスが交接の前にオスを食べてしまうのは、子グモ時代に役立つあふれるばかりの攻撃性が、大人になってから別の文脈に漏れ出てしまっているから、**のようです。

先ほど例にあげたクサグモの仲間でも、似たようなことがあります。攻撃的なクモは、エサがたくさんいて全部は食べきれない状況でも、網にエサがかかれば、丁寧に一つひとつ捕まえて糸で巻き上げます。そして、捕まったエサは、そのまま網の上で朽(く)ち果ててしまいます。エサはかわいそうだし、クモのやっていることはムダなのですが、やっぱりこれも個性があるからこそ起こることです。ハシリグモのメスの場合と同じで、攻撃性が高くて抑えが利かなくなっているということです。

余談ですが、食べもしないのに他の生き物を殺すのは、クモや人間だけではありません。トンボのヤゴだって、肉食性のダニだって、ムダに他の虫を殺しています。ほ乳類でも、クマ、オオカミ、キツネ、多くの種類で、必要もなくエサを殺しています。それからやっぱりネコ。アメリカでは年間一三億から四〇億羽の鳥がネコに殺されているのですが、そのうち三割がペットのネコによるという話です。鳥が殺されているということは、クモや昆虫も相当やられているはず。ペットのネコは基本的に人間からエサをもらうのですから、食べるために小動物をとっているわけではなく、つまり必要もなく殺しているわけです。食われるほうからすればたまったものではありません。

個性は不合理の母

ここで、クモのあふれる攻撃性を、上から目線で眺めてみましょう。神様の視点に立つのです。ここから見れば、必要もなく何かを攻撃するのは損なように映ります。求愛してきたオスを食ってしまって子を残せないなど愚の骨頂。ですから、文脈に合わせて攻撃性を調整できればよいのに、と、つい思ってしまいます。仕事でイライラするからって、家族に当たってもしょうがないよ、って思いますよね。

でも、よくよく考えてみれば、個性ってそういうものではないのです。

もし、すべての文脈でうまく振る舞うことができるのなら、状況が同じならどの個体も同じように振る舞うはずです。それは、個体の間に違いがない、つまり、個性がない、ということになります。そんな世界はつまらない、と私は思います。

逆にいうと、個性があるということは、生き物がしばしば不合理な行動を取ってしまうこととイコールです。就職活動でいえば、面接のときに「御社で仕事をバリバリこなして人間として成長したいです」という優等生な発言は、ウソをついているような気がしてどうしてもできない、という真面目な学生がいます。私の立場としては、「そういうときはシレッと適当なこと言えばいいんだよ。採用されればこっちのものだよ」と言ってみるのですが、でも、そんな人間ばかりが集まった社会になってしまったら、それはそれで困ったことになるでしょうし、上っ面ばかりで人と接していてもつまらないものです。

閑話休題。自然界では、生き残りに役立ったり、子どもをより多く残すことにつながる性質をもつ生き物が増えていくことで進化が起きます。でもそれは、**今いる生き物のもっている性質が、細かいところにいたるまで、生き残りや繁殖に有利になるよう調整されている、ということではありません。**

ハシリグモの場合で言えば、攻撃性が高くなることは、いろんな文脈を総合するとメリットになるけれど、個々の文脈ではデメリットになる場合もある、ということなのでしょう。でないと、オスを手当たり次第に食ってしまう攻撃的なメスがいることがうまく説明できません。

攻撃的な個体は素早く道を選ぶ

攻撃性の他にも個性のタイプはいくつもあります。天敵がいても平気でエサを食べ求愛する大胆な個体vs.危険が迫るとすぐにどこかに隠れてしまうシャイな個体、とか、新しもの好きの個体vs.慣れ親しんだものが好きな個体、とか、社交的な個体vs.孤独を愛する個体、といったものです。こういう個性の違いは、人間やクモにかぎらずいろいろな動物で広く見られます。そして、もっと複雑なことに、それぞれの個性のタイプが関係しあってもいます。

木の枝の上で暮らしているハエトリグモが、エサを見つけて捕まえようとその場所まで枝伝いに行こうとするときに、道がいくつか選べるときがあります。ですが、中には途中で行き止まりになっていてエサにたどり着けない道もあるでしょう。そのため、クモは歩き始める前に、ちゃんと正しい道を選ばなければなりません。道に迷ってボヤボヤしていたら、エサがどこかに行ってしまいます。

こういう場面で、攻撃的なハエトリグモはおとなしい個体よりも素早く道を選ぶそうです。この傾向は、道のりが曲がりくねっていて、何が正解かすぐにはわからないときでも同じように見られます。つまり、本当ならじっくり考えることが必要な状況でも、攻撃的な個体はさっさと道を決めてしまうわけです。当然、間違った道を選んでしまうことが多くなります。

攻撃的な個体はおっちょこちょいなのか、それともエイヤっと選べる大胆さがあるのか。いずれにしても、個性というのは複雑で、一つの面から簡単に切り取れるようなものではないことがわかります。

環境で個性が変わる

こうなってくると、個性がどうやってできてくるか、が気になってきます。私はどうして臆病なのだろう？　なぜあの人はいつも怒りっぽいのだろう？

生き物の性質には、遺伝で決まる部分と環境によって決まる部分と両方あります。個性も同じで、少なくともその一部は遺伝で決まります。といっても、その度合はそれほど高くありません。

さっきも出てきたキタノオニグモで、個体の間に見られる攻撃性の違いのうち、親が違うことによって生じる割合がどのくらいか、つまり個性がどの程度遺伝で決まるのか、を調べた人がいます。するとその結果は、三〇パーセントから四〇パーセントくらいだったそうです。他の動物を見てみても、個性が遺伝で決まる割合はおおよそ一〇パーセントから四〇パーセントほどだと言われています。

つまり、個性のでき方を考えるときに、環境の影響は無視できません。あるハエトリグモだと、まわりに何にもない単調な環境で育ったときより、木の枝とか苔（こけ）とか枯れ葉とかビンの蓋とか、**いろんなものが散らばった環境で育ったほうが、探検家気質になりやすい**そうです。新しい場所を見つけたときに、すぐにまわりをうろつき始めるようになるのです。単純な環境で育ったクモは、新しい場所でもまわりに興味をあまり示しません。複雑な環境のほうが、周囲を見て回る機会が多くなって、探検家気質が発達しやすいのでしょう。

殺虫剤が個性を奪う

ちょっと怖い話もしておきましょう。クモが苦手だからと、殺虫剤を使う人がいます。使う量が少ないと、クモが死ぬところまではいかないのですが、それがハエトリグモの個性を失わせることがあるようです。同じ状況に置かれているのに、決まった振る舞い方をしなくなるのです。

皆が合理的で同じ振る舞いをするせいで個性がなくなるならまだしも、振る舞い方に一貫性がなくなる形で個性がなくなるのは、まわりにとって不都合です。こういう形で個性を失った生き物は、次に何をしてくるかわからない存在だからです。

多くのクモのように、ほとんどの時間を一人で過ごす生き物ならともかく、アリ、ハチや社会性のクモ、一部の鳥やほ乳類のように、集団で暮らす生き物だと、仲間とずっと顔を突き合わせています。単独で暮らす生き物でもナワバリをもっていたりすると、常に同じ隣人と関わり合いをもつことになります。こういうときに相手の振る舞いがデタラメだと、関係を保つ上でやっかいです。

集団で暮らしているクモの場合、仲間との付き合い期間が長くなるほど、振る舞い方の一貫性が強まり、一人ひとりのクモの違いも大きくなります。つまり、個性が際立ってくるのです。仲間と関わり合いをもつうちに一人ひとりが自分の社会的役割を見出して、互いの振る舞い方を違えていき、またその役割に集中していくことで、仲間同士の競争関係を弱めるのだと考えられています。これも環境が個性を発達させる例です。

勝ち癖がつくと、自己評価が上がる

経験も個性を形づくります。クモの場合、ケンカに勝った経験をもつオスは、自己評価が高くなって、大きさは同じくらいでもケンカに負けた経験を繰り返したオスを蹴散らすことができます。大きさが同じなら真の実力も同じだから勝率五割になりそうなのに、結果は違います。勝ち癖がついてしまっているからです。戦う前から勝っている。

日本の各地で見られる伝統的な遊びの一つに、クモ合戦というものがあります。飼っているクモを持ち寄って、二匹ずつ戦わせて誰が強いか決めるのです。あそこの家のクモが勝った、とか、どんなエサを食べさせれば強くなるのか、とか、とても盛り上がります。

コガネグモのメス同士を棒の上で戦わせるのが有名ですが、経験豊かなコガネグモ使いは、勝ち癖を使って自分のクモをトレーニングします。クモを育てるときに、わざと小さなクモとケンカさせて勝たせるのだそうで、何回も繰り返せば、「私は百戦百勝だわ」と自信満々のクモが育ちます。

人間でも、四月生まれの子と早生まれの子が小学校で同じクラスになると、

クモ合戦。二個体のコガネグモを棒の上で戦わせる

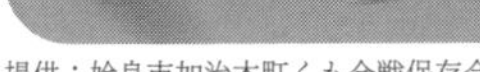

提供：姶良市加治木町くも合戦保存会

年齢がほぼ一歳違うようなものですから、とくに一年生だとできることに差が出てくるということがあります。この差は大人になるまで残るようで、スポーツ選手は四～六月生まれが多かったり、最終学歴を比べてみると四～六月生まれの人のほうが高かったりするようです。大人であれば一歳違っていても、能力に差はないわけなので、少し不思議ですが、これは小学校に上がったときの経験が勝ち癖負け癖を作り上げて、それが大人になるまで人生に影響するためかもしれません。

個性は分業に効く

学生には、就職活動がいやだー、という人がたくさんいます。私もスーツを着ないことを人生の大きな目標にしてここまで生きてきたので、その気持ちはよくわかります。ですので、そういう学生には、一人で稼いでみるのはどうだい？　と耳打ちしてあげます。真面目にとりあってもらえないのが残念です。

アメリカにいるアシブトヒメグモの一種には、普通のクモと同じように、一人で暮らす個体もいますが、同じ種なのに社会を作って暮らすクモもいます。で、北に行けば行くほど社会で暮らすクモの比率が増えていくそうです。一人で生きるかみんなで生きる

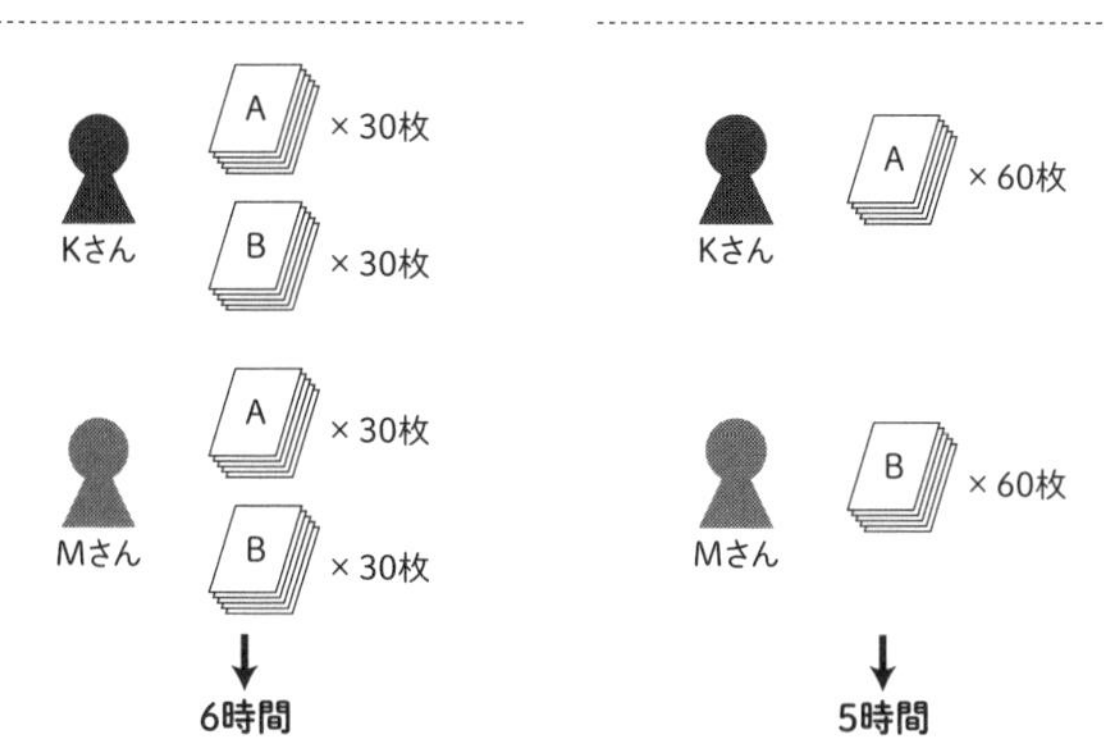

か。どちらの生き方のほうが優れているかは、環境によって違うということかもしれません。
　動物が生きていくには、たくさんの種類の仕事が必要です。そして、社会性の動物の中には、それぞれが仕事を全種類こなすのではなくて、一部の仕事だけを受け持つようになったものがいます。分業です。自分の専門の仕事だけすればよいので、その仕事に習熟しやすくなり、効率がよくなるのが分業のメリットです。
　たとえていうと、ここに別々の手順で処理しなければならない二種類の書類があるとします。二人でこの書類を処理するとして、一人が両方処理すると、一時間で一〇枚しか処理できないけれど、片方の書類だけでよければ効率がよくなって一時間で一二枚処理できるとします。二種類の書類が六〇枚ずつあったとすると、分業しなければ全部片付けるのに六時間かかるところ、手分けすれば五時間ですみます。だからせっかく社会で暮らすのなら分業しないと損です。

分業する動物では、一人では暮らしていけなくなったかわりに、いろんな仕事の専門家が集まることで、社会全体で必要な仕事をすべてこなせるようになっています。アシブトヒメグモもそんな分業をしている種類で、大きく分けると、子グモの世話をよくするクモと、エサをとったり網の修理をしたりという他の仕事をするクモがいるようです。

ここで効いてくるのが個性です。**誰がどの仕事を分担するかが、攻撃性の違いと関係しているのです。**

集団で暮らしていても、攻撃的な個体は他のクモと距離をとりたがります。そりゃそうです。近くに仲間がいたら、うっかり攻撃したくなるかもしれません。そこで、こんな攻撃的なクモにはまかせられません。そこで、おとなしいクモが子を世話する役目を担います。かわりに攻撃的なクモはエサをとったり他の仕事をしたりします。まさに適材適所。

個性によって担う仕事が違ってくるのですから、たとえば攻撃的なクモだけで社会を作ってしまうと、エサはたくさんとれるかもしれませんが、子グモの世話が足らなくなります。つまり、攻撃的な個体とおとなしい個体の両方が一緒に暮らしていると、仕事の配分がうまくいって、全体で見ると、より成果を上げられるようになることを意味します。いろんな個性をもった個体がいるほうが社会のパフォーマンスが上がるって、ちょっと面白いと思いませんか？

コラム

クモのお医者さん

私は、十八歳の時に二週間だけ、大人になったら医者になるんだ、と思ったときがあります。大学入試の真っ最中に体調を崩してもうダメだと絶望したところをお医者さんに治してもらって最後まで受け通せたときです。うぶな私は助けてもらったことに殊勝（しゅしょう）に感動し、オレも人の役に立つ仕事をするため浪人したら医学部を受けるんだ！と思ったわけです。アホです。なのに、なぜか試験に合格してしまいました。意味がわかりませんが、ともかく受かったので理学部に入ってしまい、結局、およそ人の役に立たない、お金にもならない動物行動学者として人生を過ごすことになったのです。

そんな私は日々野外でクモを採集しています。ときには飛行機で行くような遠くから、クモを研究室に連れ帰ることもあります。旅費と時間がかかった貴重な子たちです。健やかに過ごしてもらいたい。

ところがとってきたクモを生きたまま顕微鏡で観察していると、表面にダニやクモヒメバチの幼虫といった寄生生物がついているのに気づくことがあります。採集するときに気をつけてはいるのですが、どうしても見落としが生じるのです。すわ大変。大切なこの子たちに健康を損ねられては困ります。

ここで私は腕まくり。外科的に取り除いてあげましょう。まずは、炭酸ガスでクモに麻酔をかけます。クモを冷蔵庫で冷やす方法もあるのですが、炭酸ガスは一瞬で効くのがよいところ。といっても、麻酔の効果は長くて一〜二分ほどしか続きませんので、急いで顕微鏡の下に持っていきます。さあ手術です。といっても処置は簡単。よく先端を研いだピンセットで寄生虫のからだを潰すか、引っ張って外してやるだけです。

病気が体内に潜んでいることもあります。あるとき、とってきたクモのからだが妙に赤かったことがありました。でも、とくに気にせずそのまま帰宅し、翌日研究室にまた来たのです。すると、クモがケースの床で冷たくなっているではないですか。横にはとぐろを巻いた透明な細い糸状の生き物が二つ。

ぎゃあこれは線虫！　クモの体内に寄生していたのが食い破って出てきたようです。幸いすでに乾燥して死んでいたので、ケースを開けたらこちらに飛びかかってきて、という状況にはなりませんでしたが（↑生きていてもそんなことは起こりません）、私としては大ショック。患者の異変に気がついていたのに、と悔やまれました。

科学の発展と人類の進歩のため、クモの福祉に反する手術をすることもあります。クモの交尾器についているパーツの働きを知るため、取り除いてどのような影響が出るか観察するのです。今度はピンセットで力まかせに取るわけにはいきません。クモにダメージは与えたくないですし、小さな小さな交尾器のさらに小さな一部のパーツだけ取るのは普通のピンセットでは不可能です。

困ったなと思っているときに、眼の手術のような細かい作業にも使えるマイクロ剪刀(せんとう)というものがあることを知りました。お値段は四万円。しかし背に腹は代えられぬので、購入して使ってみると、この切れ味が素晴らしい。どんな小さな部分でもさっくり切れます。こんな素晴らしいものどこで作ってるのだ？　と調べてみたらドイツのゾーリンゲン。子どもの頃に「刃物の町」として教わった、怪人のような名前のあの町です。ゾーリンゲン、本当だったんだ！　以来、一〇〇件以上の手術をしてきましたが、一度も失敗はありません。

というわけで、人間の医者にはなりませんでしたが、日本でただ一人のクモのお医者さんを名乗ってもよいくらいには経験を積み重ねてきています。十八歳の夢見た未来は半分くらい叶ったと言ってもよいのではないでしょうか。

第6章

クモ的思考その2 コミュニケーション上手になりたい

言葉が厄介ごとを生み出す

コミュニケーション、難しいです。動物を眺めて暮らしているときには考えなくてもよいあれやこれやを、人間相手だと配慮しなくちゃいけません。

学生とのコミュニケーションも、若い頃はノリでバーっとやっていればなんとかなっていたのですが、最近は年齢も離れてきて、うまくありません。こちらはフラットに接したいと思っていても、学生はそうは見てくれないので、すれ違ってしまいます。まあこちらは向こうの親と同じくらいの年のオッサンなんだから当たり前ですね。

学生同士の人間関係でも、いつでもうまくコミュニケーションできているわけではないようですし、彼女たちにかぎらず、子どもでも社会人でも、老若男女を問わず、思いを伝えるのに苦労しているのは同じかもしれません。そんなわけで、この章では、クモの目から見た、コミュニケーションについて考えてみたいと思います。

そもそも、何のためにコミュニケーションするのでしょう?

動物の世界では、コミュニケーションの目的の一つは、何かメッセージを伝えて、相手の行動を変えさせることです。ほとんどの時間を一人で生きているクモでも、ケンカや求愛のときには、同じ種類のクモ同士でコミュニケーションします。といっても、人間のように心が一つになる、とか、互いに相手のことを深く理解できる、とかは、クモたちとは無縁です。

人間は、言葉を使ってコミュニケーションします。私に言わせると、これが厄介ごとを生み出します。言葉は軽くて、ウソを簡単に混ぜ込むことができるからです。

たとえば、学生が「今日は体調が悪いから授業を休みます」と連絡してきたとして、本当はサボってどこかに遊びに行っているかもしれません。ほとんどの場合は本当に体調が悪いのでしょうが、いかにも怪しい場合もときにはあります。だからといって疑い始めると切りがないので、私は「そうですか」と言って、スルーします。本当かどうかは気にしません。

これは、コミュニケーションがうまくいかなくなっている状況です。ウソが混じり込む可能性があるために、授業を休む理由が、学生から私にうまく伝わらなくなっています。これでは、どんな理由を伝えようとしても、私の行動を変えさせて、たとえばかわいそうにと出席扱いにしてもらうことはできません。

使えるものはなんでも使ってコミュニケーション

言葉がなくてもコミュニケーションはできます。

人間でも、表情や身振り手振りがあったほうが言いたいことがよく伝わります。動物も、鳴き声、からだの色や模様、ダンス、姿勢、匂い、などを使って他の生き物に「言いたいこと」を伝えています。

たとえば鳥のヒナは、エサをもらうために必死で鳴いてアピールします。アピールがないと誰がエサをもらえていないか親はわからなくなるからです。一日に何度も何度もエサを与えるのですから、そのたびにどのヒナにエサをあげたか覚えておくのは人間だって難しい。でも、そのときそのときでヒナのお腹の空き具合の違いがわかれば、覚えていなくても大丈夫。だから親のすべきことは単純です。一番よく鳴くヒナにエサをあげる。これだけ続けていれば、自動的にエサが全員に平等に行きわたることになります。ヒナはお腹が空いて鳴くのですから。

使えるものはなんでも使え、で、魚の中には、電気信号を使うものまでいます。水中に電気を放って、自分がどの種類の魚かまわりに伝えたり、求愛したりします。ホタルが光を点滅させるのとよく似た働きです。

身を削って行う求愛は信頼できる

オス同士がケンカするときや異性に求愛するときに、自分がどのくらい強いのか、どのくらい質が高いのか、を相手に伝えることは、立派なコミュニケーションです。学生が授業を休む理由がうまく伝わらなくても私は一向に困りませんが、ケンカや求愛のときに、コミュニケーションがうまくいかず、相手のことがこちらによく伝わらないのは問題です。本当は自分のほうが強いはずなのにこけおどしに負けてしまったり、からだの弱い異性をつがい相手に選んでしまったりするかもしれないからです。

どうすれば、ウソのないコミュニケーションができるでしょうか？　クモの求愛を例にとって考えてみましょう。

第４章でも紹介しましたが、求愛では、糸を弾いたり地面を叩いたりして伝わる振動が大事なコミュニケーション手段です。クモの脚の表面には、神経がつながっている細い切れ込みがスリット状にいくつも開いています。脚が触れている糸や地面がわずかでも動くと、その切れ込みが歪むので、クモたちは「揺れてる！」と感じます。

ハエトリグモの一種のメスは、地面を叩く回数が多いオスを、つがい相手として好みます。では、オスが皆できるかぎりたくさん地面を叩くのか、というとそうではありません。というのは、求愛は、オスにとって労力のかかる活動で、オスの生存率を下げてしまうからです。文字どおり、寿命が縮むのです。

そんな求愛を激しく行うには、生きていく上で余裕をもっていることが必要です。では、どういうオスが余裕があるか。それは、からだの大きいオスです。からだが大きいということは、これまでたくさんエサを食べることができたことを意味していますし、力が強いことも意味しています。おそらく高い生存率をもっているでしょう。ですから、激しく求愛して生存率が下がっても大丈夫。

で、実際に、からだの大きいオスは小さいオスより地面を叩く回数が多くなっています。一方、かつかつで生きている、からだの小さいオスは、これ以上生存率が下がってはいけないので、激しく地面を叩くことができない、ということです。

つまり、地面を叩いて振動を送るというコミュニケーション手段は、ウソをつくこと、つまり、からだの小さいオスがからだの大きなオスのふりをして激しく地面を叩くこと、ができないようになっています。ウソが混じり込むことがなければ、メスは安心してオスが送ってくるメッセージを信頼することができます。そのため、メスは地面を叩く回数を使ってオスを選びます。

クモにかぎらず、コミュニケーションにウソが混じらないようにする条件は、送り手にとって何か不利なことが伴うような手段、言い換えるとコストがかかる手段、でメッセージを送ることだと考えられています。地面を叩くことは、寿命が縮まることで送り手にとって不利になるので、この条件を満たしています。

ハエトリグモでは、からだの色・模様やダンスも求愛のときのコミュニケーションに使います。そして、メスが好むのは、からだの色が鮮やかだったり模様が大きかったりする、目立つオスです。派手なダンスも同じで、激しく踊る目立つオスがメスに好まれます。しかし、自然界ではよく目立つと天敵に見つかって食べられるリスクが増えます。つまり、視覚を使う場面でも、やはりオスは生きる上で不利になる方法で求愛しています。

信頼できるコミュニケーションのためには、メッセージの送り手がコストを払わなければならない。これは、直感的にはわかりにくい話かもしれませんが、学生が、授業を休む理由を信じてもらいたければ、お金を払って病院に行って診断書をもらってくればよい、ということと、似たところがあります。

騙しも、立派なコミュニケーション

コミュニケーションは同じ種類の間だけじゃなく、違う種類の生き物同士でも起こります。ガゼルのように、天敵に襲われそうになると、ぴょんぴょん飛び跳ねて自分が足が速いことをアピールし、天敵に諦めさせる例が有名です。

肉食動物のクモがエサに送るメッセージは、エサの行動を変えさせクモに捕まりやすくする働きをもっています。第3章でお話しした、円い網につけられた白い糸の飾りやクモの目立つからだの色や模様、網に飾った匂いを発するエサの食べかすは、エサをだまして網におびき寄せる仕掛けですが、相手に伝えているのが偽情報なだけで、これも立派なコミュニケーションです。

他の種類のクモばかり狙ってエサにする、ポーシャというハエトリグモがいます。ハエトリグモなのにハエをとらずにクモを食べるとはこれいかに。ちなみに、ポーシャという名前は、シェイクスピアの『ヴェニスの商人』の登場人物の一人と同じです。

それはともかく、ポーシャは食事のために他のクモの網に入っていって、網

提供：123RF

ハエトリグモの一種のポーシャ

の糸を揺らします。ターゲットをつり出すのが目的です。狙われているクモは、糸の揺れ方から、何が網の中にいるのか知ろうとします。食べることができるものか？　どんな種類のエサなのか？　それとも網にぶつかった枯れ葉のように食べられないものか？　網にいるクモは何がいるのかきちんと見定めて、食べられると判断してから初めて揺れている方向に向かいます。というのも、網にかかった昆虫がハチのように危険なものかもしれないからです。慎重に襲わないと逆襲されて痛手を負いかねません。

で、ポーシャです。狙ったクモのエサがやるのと同じように糸を揺らしてやれば、ターゲットのクモをうまくつり出せます。でもポーシャはいろんな種類のクモの網に入っていくので、今から狙うクモがどんな昆虫を好むのか、最初はよくわかりません。そこで、ポーシャは一計を案じます。**まずはやり方をいろいろと変えて糸を揺らし、ターゲットの反応を探る**のです。そうしておいて、一番よく反応があった方法でもう一度揺らしてやる。すると、見事ターゲットがつり出されてきます。あとはパクッとごちそうさま。

ポーシャのやっていることは、網を張るクモのエサのおびき寄せ方と比べると、かなり高度です。騙（だま）す側と騙される側がお互いに情報のやり取りをしているわけですから。ポーシャは、相手がひっかかるまであの手この手でターゲットに働き掛け続けます。

やり方がわからないときは、とりあえず真似る

コミュニケーションは聞き手がいないと始まりませんが、話し手の予想していないところに聞き手がいることもあります。

ある種類のコモリグモのオスは、他のオスがコミュニケーションしているところを横から眺めて、自分も乗っかっていきます。**他のオスが求愛のダンスを踊っているところを見ると、自分はメスを見つけていなくても、とりあえず踊り出す**のです。他のオスの動きを読んで、そこにメスがいるはずだ！　と思うのでしょう。しかもダンスをしている他のオスの数が増えれば、さらに長い間踊ります。こんなに他のオスががんばっているなら自分も負けていられない、といったところでしょうか。

コモリグモのこの能力は、生まれもったものではありません。他のオスの求愛を見たときに、たまたま近くにメスがいることに気がつけば、その二つにつながりがあることを学習するのです。ですから、まわりに同じ種類のコモリグモがあまりいない環境では、誰かの踊りを真似て踊る能力は身につかないのだそうです。

求愛するには、まずはメスを探す必要がありますが、他のクモが見つけたメスに求愛すれば、その手間を節約できます。自分からガツガツ探しに行かなくっても、じっくりまわりを観察していれば、よいこともあるというわけです。

どうしたらいいかわからないときは、とりあえず誰かのやり方をコピーすればよい。動物の世界で、こういうことが一番よく現れる場面がつがい相手を選ぶときです。子どもを作るならよい相手を選びたいけど、誰にすればよいのかわからない。そういうときに、他人のパートナー選びを観察して、その人の相手と同じような異性を自分も選びます。

せきつい動物だとウズラとかグッピーなどが、こういうことをするので有名ですが、クモでも同じようなことをする種類がいることが最近発見されています。

リズムを合わせるという重要なコミュニケーション

ところで、さっきもお話ししたように、人間は言葉でコミュニケーションします。このとき、伝えられる言葉には、何かの情報というか、意味というか、が込められていま す。ここまでお話ししてきた例では、言葉を使わないクモや他の動物たちのコミュニケーションでも、やっぱり何か意味のあるメッセージが伝えられています。しかし、それだけがコミュニケーションの役割ではありません。

社会で暮らす生き物では、他の個体の動きに合わせて自分が動くことが大事な働きをもっている場合があります。一匹一匹がてんでばらばらに動いていたら全体がムチャクチャになってしまうので、皆で活動のリズムを合わせて暮らすのです。

たとえば、まとまった群れで暮らしている動物で、一部のメンバーがどこかに移動を始めたら、他のメンバーも同調して移動しないと、群れは散り散りバラバラになってしまいます。他のメンバーから離れてしまったら、命を落としてしまうこともあるでしょう。といっても、大きな群れを作る動物の一匹一匹が、全体を見通して行動できるかというと、それは難しい。

でも大丈夫。まわりにいる誰かが動けば自分もつられて動く、ということをみんながするだけで、全体がまとまっていくことがあります。アリは一匹でいると、不規則なリズムで働いたり休んだりしていますが、大勢で集まると集団の活動パターンにはっきりしたリズムが現れてきます。働くときはみんないっせいに働き、その時期が終わると休む。これを規則的に繰り返すようになるのです。

だからといって、特別なリーダーがいて、働く時間を号令していたりするわけではありません。誰でもいいので一人が働き出すと、その動きが伝わった近くにいるアリがつられて働き出す。するとまたこの動きが伝わって……ということが全体にひろがります。

しばらく働くと皆疲れて休むのですが、今度は同じ時期に働き始める個体が増えて、全体にその波がひろがりやすくなる。こういうことが繰り返されると、次第に皆が自発的に、つまりまわりにつられなくても、同じタイミングで働くようになります。こうして、自然にリズムができてきます。

東南アジアには木の上に棲むホタルがいて、同じ木に棲むホタルが同じタイミングでいっせいに光を点滅させます。カエルやコオロギも大勢で同調して鳴くので、ときには大合唱になります。こういう現象もアリのリズムと同じメカニズムで現れてくるのだそうです。集団のメンバーが自然に同調して一つになるのは生き物の社会のもつ基本的な特徴の一つなのかもしれません。

さっきもあったように、一つになるといっても、人間のように、心と心で共感したり相手のことを深く理解したり、というわけではありません。ここで起きているのは、ある動物がまわりの誰かの動きをきっかけにして動き出すということだけです。特別な意味は何も伝わっていませんし、わかりあってもいません。ただきっかけをもらっている。でも、これが社会を成り立たせているのです。コミュニケーションのもう一つの役割です。

人間の脳は、人間関係のために大きくなった

一人で生きるクモでは、同じ種類の中でのコミュニケーションの機会はケンカと求愛のときくらいですが、社会で暮らす動物は常にまわりの個体とコミュニケーションを続ける必要があります。これはなかなか大変です。さて、私たちの大きな脳は、社会で暮

らす中で人間関係をうまく回すために進化してきたという説があります。というのも、いろんな種類のサルを比べてみると、大きな群れで暮らすものほど脳のサイズが大きいことがわかっているのです。

群れで暮らすサルは、他のサルとうまくやっていくために、誰と誰が仲良くて誰とケンカしているかを、ちゃんと把握している、と考えられています。ここで、群れが大きくなってくると、つかんでおかなければならないメンバー同士の関係の組み合わせがどんどん増えていきます。

たとえば佐藤さん、田中さん、鈴木さん、の三人からなる社会なら、その中にある一対一の関係は、佐藤－田中、佐藤－鈴木、田中－鈴木の三通りしかありません。これが六人の社会になると、関係の数は一五通りにまで増えます。群れの大きさが二倍になるだけで、組み合わせの数は五倍になるのです。さらに群れが大きくなっていくと、メンバー同士の関係は爆発的に複雑になっていきます。このような複雑な人間関係、ではなくてサル間関係をうまく処理するためには、大きな脳が必要だ、というのが、この考え方の肝（きも）になります。

群れ育ちの子グモは学習スピードが速い

サルで見られる脳と群れの大きさの関係を、人間に当てはめると、群れの大きさはせいぜい一〇〇人から一五〇人くらいまでになるのだそうです。今の人間の社会はとっても大きくなってしまって、何千何万何億という人が一つの社会を作っていますが、これはごく最近現れてきた状況です。人間が進化してきたときの社会は、おそらく一五〇人程度でできていたと考えられています。この数以上になると、一人ひとりの個性や長所をきちんと理解するのが難しくなるのだそうです。

たとえば一万人からなるような、大きな人間の集団があったとしても、その中は一五〇人以下の小さな集団に分かれています。このような小さな集団をまとめ上下関係のある組織を作って、それでやっと大勢の人間を動かしていくことができるのだそうです。

クモでも、群れ生活には、頭をよくする働きがあるようです。ハエトリグモの中には、子グモたちが、独り立ちするまでしばらく集まって暮らす種類がいます。

そんなハエトリグモですが、学習能力をもっています。たとえば二またに分かれた道の片方にだけエサがある状況を経験すると、次に同じ状況に出くわしたときに、エサがある場所に素早くたどり着けるようになります。このような学習がどのくらいのスピードでできるのか？　というと、群れ育ちの子グモのほうが、群れから引き離されて独りで育った子グモより、速いのです。

これは社会生活が知能の発達を促（うなが）しているという話で、霊長類で見られる知能の進化とは違う話なのですが、社会生活が頭を使うことを要求する暮らし方だという点で共通する部分があります。

だとすると想像が膨らみます。クモにも個性があるわけですから、**群れで暮らすクモも一個体一個体を見分けているかもしれません。**小さな虫が仲間の一匹一匹を見分けるなんて？　と思われるかもしれませんが、アシナガバチの中にはそういうことができる種類がいることがわかっています。だったらクモだってできるかも。

人間関係に悩む私たちのように、群れで暮らすクモもお互いの関係をよくしていくのに日々頭を捻（ひね）っているのかもしれない。ついそんな想像をしてみたくなります。

コラム

およそどんなことも学問の対象になるもので、世の中にはいろいろな学会があります。「ばね」だけを扱う学会があったりしますし、ゴルフの学会、温泉の学会やワインの学会などは楽しそうです。当然ですが、蜘蛛学会というものもあって、日本の蜘蛛学会は一九三六年発足の由緒正しいものです。会員は二〇〇人ほどいて、大学や農業試験場に勤める職業研究者もいれば、仕事は他にもっていてプライベートの時間をクモに捧げる人もいます。

年に一度の学会大会では、新種発見の報告から、クモの遺伝子や生理学、生態や行動、クモ糸の人工合成に、クモと人間の文化の関わりまで、クモにまつわる森羅万象についての研究を知ることができます。クモだけではなく、ザトウムシやサソリ、ダニといったクモ綱に属する生き物の話もあります。大会はいろんな地方で開催され、ときにはクモの採集会が催されることもあります。

何をかくそうこの私、二〇一二年度から二〇一七年度まで学会の事務局を務めていました。一人しかメンバーのいない事務局なので、自動的に事務局長です。会員名簿を管理したり、会議の裏方をやったり、外部との折衝に当たったりが仕事です。

学会の連絡先も事務局になるので、問い合わせがたくさん来ます。「これまで見たこともないクモを庭で見つけたけど新種じゃないか？」と写真が送り付けられてくることは数カ月に一回くらいのペースでありました。分類が不得意な私としては、一瞬、答えられなかったらどうしよう？　と不安になるのですが、八割くらいは一目でわかる普通のクモで問題ありませんでした。自信がない場合でも会員には私よりずっと詳しい人がいるので、照会して答えます。

専門的なことを訊ねられることもあります。最近は、高校生でも研究活動が奨励されていて、身近にたくさんいるクモは、かっこうの研究対象です。高校生からくる質問の中には、レベルの高いものもたくさんあって、たじたじになるのですが、こちらも専門家の端くれですし、若い人にクモに興味をもってもらえるのはとても嬉しいことですので、誠心誠意調べてお答えします。

企業からの問い合わせもありました。「製品の中からクモの死骸が出てきたのだが、どこで混入したか知りたいので種類を同定してくれ」というのです。グローバル時代ですので、品物はいろんな国を点々と移動します。種類がわかれば分布域がわかり、混入場所が推測できる、というわけです。が、一度はピンボケの写真だけが頼りで、これだけでは同定は無理、という話になり、もう一度は発見された状況から、現地で開封後に入り込んだのだろう、と同定するまでもなく結論が出ました。

マスコミからコメントや解説を求められることも多いのですが、一方、会員さんのほとんどは目立つところに出るのは苦手です。ということで、私のところでさばいて会員さんを守るのも仕事でした。幸い私はミーハー。研究者とはノリの違うマスコミの方と話すのも好きなので、楽しい仕事です。テレビやラジオに何度か出演させてもらったのもよい経験です。

中でも一番の役得は、東京で開催された「アメイジング・スパイダーマン」ワールドプレミアのYouTube生中継でコメンテーターとして出演させてもらったことです。ヒロインのエマ・ストーンを生で見ることができて、子どもの頃からの映画ファンだった私は、まさかクモの研究がハリウッド女優につながるとはなあ、と思ったものです。人生は面白い。

第7章 クモ的思考 その3

不確実な世の中をサバイバルする

狭く深くか、広く浅くか問題

近頃は、先が見通せない世の中になった、とよく言われます。右肩上がりに発展してきた経済は、環境を破壊することと引き換えでした。子どもの数はどんどん減り、なのに遊び場所すら満足に見つかりません。技術が発達して生活は便利になったけれど、どうすれば心が満たされるかはわかりません。これまで私たちがなじんでいたやり方はどうなってしまうのでしょう。

有為転変は世の習い。それはクモにとっても同じこと。この章では、そんな世界でクモがどのように生きているのかをお話しします。

大学の世界もずいぶん変わりました。私が所属しているのは「現代社会学部」といって、昔からある文学部や工学部といった一文字学部ではありません。狭い範囲の分野を専門的に学ぶ伝統的な大学学部のあり方への反省から各地に作られた、「学際的」な学部の一つです。「狭く深く」が伝統的な大学のあり方だとすると、私のいる学部は「広く浅く」というスタンスをとっているといえます。

「狭く深く」か「広く浅く」か。このテーマは、いろんなところに顔を出してきます。たとえば、お店を経営するとき。いろんな商品を取り揃えてお客様の多様なニーズに応えるのか？　それとも、何かのジャンルに集中した品揃えで他にないお店として突き抜けていくのか？　どちらのポリシーを採用するかで、店舗のデザインからマーケティングまで、何もかもが影響されます。

クモは何でも屋

動物の世界にも、広くいろいろ食べる何でも屋と、好き嫌いが強く特定のエサだけに頼るスペシャリストがいます。

円い網を張るクモの多くは何でも屋です。網は性能がよいので、いろんな種類のエサがかかります。そして捕まえたものは、基本的になんでも美味しくいただきます。もちろんクモも、やみくもに昆虫をとっているわけではありません。**網の種類や特徴が違えば、かかりやすい虫の種類が変わります。**

たとえば、地面に垂直に張られている円い網には、力強く水平に飛ぶエサがかかります。たとえばハチです。また、小さな川の上のようなところで水平に張られた網は、カゲロウのように水の中で幼虫時代を過ごす虫が、羽化してふわふわと飛び上がってくるところを狙っています。オオヒメグモのように、円い網を張らずに、先の部分がネバネバした糸を高いところから地面に下ろして、土の上を歩く虫を釣り上げる種類もいます。

網の張り方を変えて、狙うエサの種類を変えることもあります。アフリカにいるクモの一種は、晴れている日は目の細かい網を張って小さなハエを狙いますが、雨が降っている日は、網目を粗くして大きな網を張ります。雨の日は、シロアリの羽アリがたくさん空に飛び立ってくるからです。ハエよりずっと大きなシロアリを狙うときは、細かい網目はいらないので、粗く網を張って糸を節約します。そうしてできた糸の余裕を、網を大きくするために使えば、よりたくさんのシロアリを捕まえられます。

好き嫌いなくなんでも食べるのが健康によい、と言われます。では何でも屋のクモはどうでしょう？　どうも来たものを食べていればバランスがよくなるというものでもないようです。エサの昆虫にはいろいろな種類があって、その中身もいろいろです。栄養面でも、良し悪しがあるわけです。パーフェクトな栄養バランスをもっていて、それだけ食べていれば十分なエサもありますが、バランスの悪いエサだと、いろいろ混ぜて食べないと、大人になるまで成長できなかったりします。

私がクモを飼うときは、エサにショウジョウバエを使っています。簡単に殖やせるからです。ですが、ショウジョウバエは栄養的にはイマイチだということがわかっているので、クモにはいつも、「もっと美味しいエサをあげられればいいんだけど」と申し訳ない思いでエサをやっています。でも、中にはアブラムシみたいに、もっと質が悪くて、食べても食べてもクモがほとんど大きくなれないようなエサもあります。昔の私は、そういうことを知らずにアブラムシをエサにしてクモを飼っていたこともあります。そう言われれば、あまり食いつきがよくなかったです。無知は罪です。

それどころか、昆虫の中には、からだに毒をためる種類もいます。人間はからだが大きいので、少しくらいなら毒を口にしても対処できる場合がありますが、クモのように小さな生き物には、わずかな量の毒でもしっかり効くことがありますから、油断は禁物です。

狙いを絞るスペシャリストたち

だからかもしれませんが、クモの中にも、スペシャリストはいます。何でも屋として生きるメリットは、食事にありつくチャンスが増えることですが、チャンスはありすぎてもしょうがありません。一日に食べられる量には限界がありますから。

特定のエサだけを狙ったとしても十分な量の食事をとれるのなら、何でも屋として生きるより効率がよくなるかもしれません。それには、狙ったエサと出会ったときに、何でも屋よりももっと上手に捕まえなければなりません。特別の技が必要です。

たとえばアオオビハエトリは、アリばかり狙います。このクモは他の多くのハエトリグモとは違うやり方でエサを襲います。普通は、エサの動きをじっくりと観察して、襲うときは紫電一閃（しでんいっせん）、噛みついたらがっちり離さず毒が効いてくるのを待つのですが、このやり方はアリ相手には得策ではありません。アリは、ハチから進化した生き物です。原始的な種類はお腹の先に針を持っていますし、そうでなくてもギ酸を撒き散らしてくる種類もいます。そのうえ、向こうは人海戦術の使い手です。アリをくわえてじっとしていようものなら、救助に来た他の働きアリに、こちらが襲われるかもしれません。

ここで効いてくるのがアオオビハエトリの特別の技。遠くからジャンプして、脚や胸をひと噛みしては飛びすさり、様子を見ながらまた噛んで、ということを繰り返し、少しずつアリが弱っていくのを待ちます。この方法なら、他のアリが助太刀（すけだち）に来てもさっさと逃げられます。他にも、卵や幼虫を運んでいるアリの行列から荷物を奪い取って食べたりもします。

オナガグモという名前の、クモを食べるクモもいます。クモの中には、遠くに移動するときに、糸の上を歩く習性をもつものがいます。地面を歩いていたら、アリに襲われたりトカゲに見つかったり、危険だからです。歩くための糸は自分で張ることもありますが、他のクモが歩いたあとに残した糸を使うこともあります。糸はタダでは作れないので、誰かのものを再利用させてもらえるなら、それに越したことはありません。晴れた日に森の中を眺めてみると、四方八方に張られた糸がきらきら輝いているところが見えます。あれは、クモのためのハイウェイです。

オナガグモはこの状況を利用します。糸の端で、他のクモが向こうから歩いて来るのを待つのです。エサからすれば、それでも地面を歩くよりはまだ危険が少ないのでしょう。

ただし、ものごとには一長一短があります。狙ったエサを捕まえやすくなることは、別のエサと出会った場合に失敗しやすくなることと裏表です。アオオビハエトリのように、エサを襲っている最中に遠くから様子を眺めていると、普通なら飛んで逃げられてしまいます。オナガグモは糸の上を歩くエサしか食べられません。

オナガグモ

提供：PIXTA

進化した究極のスペシャリスト

にもかかわらず、世の中には間口の狭さに拍車をかけた究極のスペシャリストがたくさんいます。たとえばこれまで何度か出てきたクモヒメバチ。世界中に二五〇種類ほどいますが、多くの種類が、それぞれ一種類のクモしか狙いません。アオオビハエトリやオナガグモは、アリやクモなら種類は問わず手広く食べるわけで、クモヒメバチに比べるとまだまだ何でも屋の特徴を残しています。

クモヒメバチの幼虫は、クモのからだの表面に寄生し、体液を吸って成長し、最後に食い殺す直前に、クモを操って外枠と何本かのたて糸だけからできている奇妙な網を作らせます。この網は糸を何重にも張って補強されています。幼虫は、主(あるじ)のいなくなった網の上でサナギになって大人になるまでしばらく過ごすので、その間、網が壊れないようにするのです。この網には横糸がなく、こうなるとエサもとれません。クモヒメバチにとりつかれたクモは、こんなふうに奴隷にさせられたあげく、ミイラのようになって殺されます。

クモも黙っているわけではありません。食べかすのゴミを並べてその上に座ってどこにいるかわからなくして、身を守る手立てを講じるものがいます。

ゴミグモを食い殺している最中のクモヒメバチ幼虫

ハチはエサを探すときに視力に頼るので、こんな偽装工作でも身を守るのに役に立つのでしょう。

ですが敵もさる者。クモヒメバチの中には、自分から網の糸に引っかかり、エサのフリをしてクモを釣り出すものがいます。糸が震えると、クモはつい何がいるのか調べたくなるので、うっかり近づいていくと、向こうはお腹の針を使って麻酔薬を打ち込んできます。で、クモが麻痺(まひ)しているところでゆっくり卵を産み付けます。

こんなふうに、**食う側が狙うエサを決めて、特別の技を備えると、エサも対抗策を進化させます。すると食う側は、エサに対抗してもっと効率的な技を開発します。**こうして競い合いになったら、矛(ほこ)はどんどん尖ってくるし、盾(たて)はどんどん分厚くなる。軍拡(ぐんかく)競争です。そうする中でお互いがどんどん先鋭化していって、気がついたら、他の普通のエサをとるにはまったく不向きな特殊なやり方ができあがります。こうして究極のスペシャリストが進化します。

スペシャリストの落とし穴

進化の結果だからといって、スペシャリストの生き方が必ずしも優れているわけではありません。スペシャリストたちのエサ、たとえばアリは、大成功した生き物です。今は数がたくさんいるので、出くわすチャンスもたくさんあります。ですから、狙いを絞って、エサを逃がさないようにすれば、他のエサを捕まえられなくても採算が取れるでしょう。

でも、未来は予測できません。いつまでもこの状況が続くとはかぎらないのです。わずかな種類のエサに頼り切りになったあと、環境が変化してそのエサがいなくなったらどうすればよいのでしょう。世の中は移り変わるもの。いつまでもわが世の春を謳歌できるわけではありません。

生き物の歴史を見ると、こういうときスペシャリストの中には、他の似たエサにターゲットを変えたり、何でも屋に進化したりしたものがいるようです。とはいえ、スペシャリストは何でも屋と比べて絶滅しやすいだろうと考えられています。

お店の話に置き換えれば、商品を絞り込めば、お店のコンセプトに共感してくれるお客様を総取りできたり、流行の波に乗れたりして、効率よく大もうけできるかもしれませんが、世情がうつろい流行が変われば途端に立ち行かなくなる可能性もある、というようなところでしょうか。

生物にとって絶滅を避けるための鍵の一つは、多様性を保つことです。一個体一個体がスペシャリストでも、それぞれが別のエサを狙っていれば、全体で見れば何でも屋と同じになります。そういう意味で個性があることは大事だといえます。

たとえば、ほとんどの個体がアリを食べている中で、一部の変わり者が他のエサを食べている状態を考えてください。環境が変わってアリの数が減ったとき、変わり者がいなければ全滅してしまいます。ですが、変わり者がいれば、その生物は数を減らすとはいえ、生き延びることができます。数がゼロになりさえしなければ、また状況が変わったときに勢力を回復することができます。

未来の強者がどんな人かはわからない

予測できない未来に自分の子を送り出すときに、「どんなに競争が激しくなっても生き残れるよう強くなってもらいたい」と思うのは親心かもしれません。しかし、どんなやり方をすれば強者になれるのか、それさえもわからないというのが、未来は予測できないということの本当の意味です。

ですからここでも、多様性が効いてきます。普通の生き物は、一生でたくさんの子を作ります。その子たちがそれぞれ別の特徴をもてば、「強さ」の基準が今と違っても、子どものうちの誰かは生き残ることができます（人間には採用しづらい方法ですが）。

さらにいろんな性質をもった子を残そうと思えば、一人より二人、二人より三人の異性と子を残せばよいことになります。これはオスだけでなくメスでも同じです。

交尾回数が増えると天敵に襲われる可能性が高くなったり、エサを食べる時間がなくなったり、病気に感染したりするリスクが上がったりしますが、そういう不都合が無視できる状況なら、メスも複数のオスと交尾しようとします。一個体のオスとしか子を作らない種類は動物全体の一割ほどしかおらず、あとの九割近くの種類には多かれ少なかれ複数のオスと子作りするメスがいます。

経験から学び柔軟に行動するクモ

予測できない世界で生きていくための、多様性と並ぶもう一つの方法が柔軟性です。ここは人間の得意分野ですが、クモだって負けていません。

コモリグモやササグモは本当は何でも屋なのですが、中には、一種類のエサばかり食べ続けることで、スペシャリストのように特定のエサを狙って食べるようになる種類がいます。経験から学習して柔軟に行動を変えているのです。

それだけではありません。経験から学ぶことで作り上げた、ある種の「予測」に従って、これから起こることに備えることもできます。

第3章で話したように、糸を伝わる振動を感じてまわりのことを知る、円い網を張るクモの中には、網の糸を脚で引っ張って「耳を澄ます」ものがいます。このクモは、網の中である方向、たとえば下のほうではエサがよくかかるけど、他の場所にはかかりにくい、という経験をすると、その方向にあらかじめ強く糸を引っ張って待つようになります。こうすると、期待どおりにエサがかかったときに、より速くそのことを知ることができるので、すぐに捕まえに飛び出していくことができます。

実験室育ちのクモは柔軟性を失う

人間の社会は、規模が大きくなればなるほど、また時間が経てば経つほど、柔軟性が失われやすくなる傾向にあります。大学でも誰かのミスや失敗があるたび「再発防止策」に従って「マニュアル」や「学内規定」がどんどん増えていきます。目の前で起こっていることに臨機応変に対応したいと思っても、「特例を作ってしまうと安定した業務ができない」という理屈で許されません。

こんなふうに仕事のしかたが硬直してしまうと、まわりを観察してもしかたがないので注意力が削がれてしまいますし、経験を業務内容にすぐに反映させることもできなくなります。

クモでは、育った環境によって行動の柔軟性が変わることがあります。木の上にいるハエトリグモが、自分とは違う枝の先にエサがとまっているのを見つけたと考えてください。こういうときには、自分がいる枝から幹をつたって、エサのいる枝に移る必要があり、幹に降りるまでは、いったんエサから遠ざかるように歩かなければならないこともあります。ですから、ハエトリグモには、場合によっては、エサのほうにまっすぐ進むのではなく、回り道をあえて選ぶような柔軟性が必要になってきます。

こういうとき、実験室で人間に育てられたクモは、自然の中で育ったクモと比べると、回り道をうまく選べないことが多いのです。実験室の単純な環境で暮らすことが脳の発達に影響して、柔軟性が発揮できなくなったのかもしれません。

それだけでなく、**実験室育ちのクモは、活動性も低い**ようです。人間では、自然の中で暮らした経験が、子どもの情緒の安定や社会性の発達を促すといわれていますが、クモでも似たようなことが起こっているようなのです。

ですが、この影響は工夫次第で和らげることができます。不思議なことに、飼育ケースの中に緑の棒を一本入れてやるだけで、活動的なクモになるのです。事業内容が硬直し始めている老舗（しにせ）企業もオフィスの壁を緑に塗ってやれば……。

引っ越しのタイミングをどうするか問題

クモはエサがたくさんいる場所に網を張りますが、いつまでもその場所にエサが来続けるわけではありません。たとえば花が咲いている時期は、近くにハチがたくさんやってきますし、ケモノの遺体があればハエがどんどん生まれてきますが、こういうバブルは一時的なもの。ある時期にエサがたくさんとれたからといって、成功体験に縛られて同じ場所にとどまり続けるのは考えものです。

そんなわけで、円い網を張るクモは、エサがとれなくなってきたな、と思ったら、もっとよい場所を探して引っ越しをします。ですが、どのタイミングで引っ越しするのかは、なかなか難しい問題です。理屈の上では、「今よりたくさんエサをとれる場所に移れそうなら引っ越せばよい」ということになります。しかし現実には、今の場所でどのくらいエサがとれるのか、クモには正確にはわかりません。

たとえば、ある一日にまったくエサがとれなかったとして、それがたまたま運の悪い日だったせいなのか、それとも、本当にまわりにいるエサがいなくなってしまったせいなのか、見分けるのは難しい。二つの可能性を区別するには、今日エサがどれだけとれたかだけではなくて、以前にどのくらいかかったかを覚えておく必要があります。

昨日までたくさんエサがいたことを覚えていれば、今日急にとれなくなっても様子を見ようという判断ができますが、そうでなければ慌てて引っ越してしまいそうです。一方で、あまり昔の記憶に引きずられてもダメ。だから、**昔のことは、覚えておく必要はあるけれど、同時にほどよく忘れていかなくちゃなりません。**しかし何事も、ほどよい塩梅（あんばい）というのが一番難しい。どういうやり方がよいかはやってみなくてはわかりません。

引っ越しした先でどのくらいエサがとれるかもクモにはわかりません。というのも、クモは風に流した糸がたまたまくっついたところに移動するので、好きなところを選んで引っ越しすることができないからです。あげく、眼もよく見えません。まわりを眺めて、あそこはよさそうだから行ってみよう、ということはできないのです。その場所に行ってみて、実際にエサをとってみて、初めてどんなところかぼんやりわかってきます。

わからないならえいやって決めて、あとは成り行きにまかせるしかない。だから現実には、めいめいのクモが自分で基準をもっておいて、引っ越しのタイミングを決めているようです。

そして、その基準がたまたままわりの環境に合っていれば、まわりにエサがいなくなってもさっと他の場所に移って効率よくエサがとれ、たくさんの子を残せると考えられます。でも、合わなければ、いつまでも過去の成功が忘れられずに空振りを続けることになるかもしれませんし、逆に偶然に翻弄（ほんろう）されて、しなくてもよい引っ越しをする羽目（はめ）になるかもしれません。

「そんないい加減なやり方はダメだ。もっとデータを集めて、状況をよく知ってから判断すべき」と、つい言いたくなります。ですが、現実には、データを集めるのにも手間ひまがかかります。最近の大学では、やたらめったら学生に授業アンケートをとるのですが、当の学生はこれにうんざりしていたりします。

クモの場合、一日網の上で待っていても、エサが網にかかることは下手をすると数回です。たっぷりのデータを取るのに、いったい何日かかるでしょう？　すぐに判断しなければずっとエサにありつけない日々が続くかもしれません。今がどういう状況かがわかる前に、引っ越しするかどうか決めなきゃいけないことがあるのが、クモが直面している現実の世界なのです。

ほとんどの生き物は失敗する

そもそも生き物というものは、一個体一個体から見れば、ほとんどが最後まで生をまっとうできないという意味で、失敗する運命を定められています。

地球上で長い間絶滅せずに生き残ってきた生物の場合、その中で大人になるまで育って自分も子を残すことができるのは、平均すると二個体になります。もしこれが二より大きければ、あっという間に地球はその生物で埋め尽くされますし、小さければ絶滅してしまいます。二個体の親からはたくさんの子が生まれるのが普通ですから、せっかくこの世に生を受けた子であっても、その多くは自分で子を残す前にこの世を去ることになります。クモは、生き物の中でとても成功したグループの一つですが、生き残った者の後ろにはたくさんの失敗した者たちがいるわけです。

ただし、これはあくまで平均の話です。一個体一個体を見ると、ある親は二人より多く子を残せますし、他の親は二人以下しか残せません。二人より多く子を残せる家系は増えていき、そうでなければ減っていきます。

そして、最初はめいめいのクモが引っ越すときの基準をバラバラにもっていて、その中には環境に合ったものもあるし合わないものもあるわけです。同じ環境が安定して続いていれば、環境に合った基準をもったクモがたくさん子どもを残すので次第に増えてきます。こうして、**よいやり方を求めてジタバタしなくても、時間が経てば、クモの多くが自然によい基準をもつようになってくる**はずです。

この世界では、すべてを知ってから行動するなんてできません。ですから、とりあえず自分なりの振る舞い方を決めて、あとは成り行きにまかせる。誰が成功し誰が失敗するのかは終わってみて初めてわかります。引っ越しにかぎらず、何をするにしても同じことが言えるのではないでしょうか。

第8章

もしもクモがいなかったら

チョウやガはこの世に存在しなかったかもしれない

もしもクモがいなかったら、この世界はどう変わっていたでしょうか？　進化のきまぐれで、海に棲んでいたクモの先祖が陸に上がることがなかったら。上がっていても糸を紡(つむ)ぐ能力が発達してこなかったら。

何も変わらないよ。そうかもしれません。もしもネコがいなかったら。ニワトリがいなかったら。ウナギがいなかったら。それに比べたら、まったくなんということはない。クモはペットでもないし食べ物でもない。いなくなっても人間は何も困らないし、何の影響もない。

本当でしょうか？

カンボジアなど、クモを食べる文化はないわけではないものの、確かに、人間とクモの間に食う食われるの関係やお互いに助け合うような関係はありません。ですが、他の生き物たちはどうでしょう。

もしもクモがいなかったら、チョウやガはこの世に存在しなかったかもしれません。彼らの美しい翅（はね）の色は、表面についた細かな鱗粉（りんぷん）によってできています。チョウが網にかかったときに、鱗粉だけが翅からはがれて網に残り、チョウは逃げやすくなります。つまり鱗粉は空中に円い罠を仕掛けるクモたちに対抗するためのものですから、クモのいない世界ではこの世に現れてこなかったでしょう。

クモが進化しなかった世界で、代わりに他の動物がクモの役割を果たすようになったとしても、その動物が網を使ってエサをとるとはかぎりません。春に鮮やかな色彩が野原に舞う光景を私たちが楽しむことができるのは、クモがいるおかげなのです。

食物連鎖に大打撃

春には草花が野原を彩ります。この草花の盛衰（せいすい）にもクモは関わっているようです。花の中にはクモが潜み、蜜や花粉を食べに来る昆虫を狙っています。ずんぐりしたからだの左右に脚を伸ばしてエサを待つ姿から、カニグモと呼ばれ

花の上でエサをとるコハナグモ
提供：PIXTA

るこのクモは、植物と昆虫の間の、互いに助けあう関係に介入します。

ハチやハナアブは、花を訪れて食べ物をもらいながら、花粉を運んで種子ができるのを助けているのですが、ここでカニグモがまちぶせしているかもしれないわけです。ですから、昆虫たちは、花に近づいてもその前でしばらく飛びながら、安全かどうか確かめなければなりません。このため花粉を運ぶのに余計な時間がかかってしまいます。

もしクモを見つければ、昆虫は身を守るために花に近づかなくなるので、花粉を運ぶこともありません。ある研究者が、カニグモの模型を作って花に置いてみたところ、その花ではできた種子の数が半分に減ったそうです。

ですから、**もしもクモがいなかったら、この世界は今以上に花で満ちあふれていた可能性があります。**けれども、ことはそれほど単純ではないかもしれません。というのは、ある種の植物は、カニグモに身を守ってもらうことがあるからです。

花にやってくる昆虫は、みんながみんな花粉を運んでくれるわけではありません。中には花粉には目をくれず、花自体を食べてしまうものもいます。一方、カニグモは何でも屋なので、花を助ける昆虫も、花を食う昆虫も、分け隔てなく食べてくれます。

ですので、この植物は、花が食べられて傷つくと、特別な香りを放ってクモを呼び寄せます。花粉を運ぶ効率が少しくらい悪くなっても、カニグモをガードマンにするほうが得になるのでしょう。**ひょっとすると、クモが進化していなければ、花は咲いたそばから食われてなくなり、私たちの目を楽しませることのない世界になっていた**こともあり得る話なのです。

クモは昆虫をエサとして利用しますが、自分も他の動物のエサになったり利用されたりします。クモがいないと、植物を食べる小さな昆虫たちと、鳥やトカゲといった大きな動物たちの間の食物連鎖が断たれてしまいます。ということは、鳥やトカゲが数を減らし、昆虫たちが増え、緑が減ってしまうかもしれません。

加えて、もっぱらクモだけ食べることで暮らしている動物もいます。前章で紹介したクモヒメバチや、いろいろな種類のクモを捕まえて針を刺して麻痺させてから幼虫に与えるベッコウバチ、カメムシの仲間のサシガメにもクモだけを狙う種類がいます。

また、イギリスの詩人、ウィリアム・ブレイクに「小鳥は巣を　蜘蛛は網を　人には友情を」という言葉がありますが、鳥の中にはクモの網を使って巣を作るものがいます。コケや鳥の羽などを集めてきて、網からとった糸を使ってつなぎ合わせます。もしもクモがいなかったら、こういう動物たちは進化することができなかったでしょう。

世界の神話が成り立たなくなる

現在の私たちは、直接クモを利用しているわけではありません。ですが、私たちの文化を眺めてみると、身近な生き物であるクモの存在感が浮き上がってきます。もしもクモがいなかったら、私たちの文化は、今とはまったく違ったものになっていたはずです。たとえば、芥川龍之介が『蜘蛛の糸』を書くことはなかったでしょうし、第5章に出てきたクモ合戦（日本だけでなくシンガポールとフィリピンでも行われていて、地域地域で異なった種類のクモが使われています）を昔の人が思いつくこともなかったはずです。

クモはヒトの歴史のはじめから私たちの文化を支えています。世界各地のいろいろな神話や伝承の中に、重要な役回りで登場しているのです。

太平洋の島のいくつかでは、クモはこの世界を生み出す創造主です。またインドでは、神による世界の創造が、クモが網を編むことにたとえられています。クモがからだから糸を出すことを、自らの力ですべてを生み出す神の業（わざ）に、そして出した糸がクモのからだに戻ることを、生み出されたものがいずれは神の元に還（かえ）ることになぞらえているのです。

アメリカ南西部に住むネイティブアメリカンには、クモ女というモチーフが登場する神話をもつ部族がたくさんあります。クモ女は、人間を含む生き物を作って魂を吹き込んだり、人間に知恵を授けたり、善に導いたり、困ったときに助けてくれたりする、ネイティブアメリカンにとってこの上もなく重要な存在です。

アフリカ西部では、クモの形をしたトリックスター、アナンシの話が伝えられています。アナンシは「すべての物語の王」となる機知のシンボルで、アフリカからカリブ海地域に連れていかれた奴隷たちの間でも人気のある存在だったということです。

他にも、古代メソポタミア地方に栄えたシュメール人の神話には、彼の地の言葉で「クモ」を意味するウットゥという機織りの女神が出てきますし、エジプトの戦いの女神で機織りや創造の神でもあるネイトも、クモと結びつけられています。

一方で、クモがネガティブなイメージと関連づけられているのがギリシャ神話です。アラクネという名の機織りに長けた女性が、よりにもよって、工芸の女神で戦いの女神でもあるアテネにどちらが優れた織り手か勝負を挑んだのです。おかげでアラクネは怒りを買い死んでしまったのですが、アテネによってクモに変えられ、永遠に糸を編み続けることとなりました。あまり気持ちのよい話とはいえません。

ところで、この「アラクネ」とはギリシャ語でクモの意味です。生物学の世界でも、サソリやダニを含むクモの仲間を称してアラクニダ、といい、クモ学はアラクノロジーです。ちなみに、映画版の『攻殻機動隊』に出てくる多脚戦車もアラクニダです。もっとも脚の数は六本で、本物に比べると二本少ないようですが。映画「スターシップ・トゥルーパーズ」にもアラクニドバグズという異星の敵が出てきますが、こちらも六本脚です。

こんなにある！　クモ映画

これ以外にも映画の世界ではたくさんのクモが活躍しています。たとえばジェームズ・ボンドの第一作「007 ドクター・ノオ」。ベッドで寝ている主人公の胸の上を、敵が仕掛けたタランチュラが這い回るシーン。ボンドが無事タランチュラを叩き潰すと観客は拍手喝采を送ります。さすが殺しのライセンスをもつ男。ですが、本物のタランチュラで人に致命的な毒を持つものは少ないので、ボンドのやったことは非道に過ぎます。なにも殺すことはありません。

「クモ＝毒があって怖い」という人の思い込みは根強いもので、映画にはクモの怪物がしばしば登場します。たとえばゴジラ映画の八作目「怪獣島の決戦　ゴジラの息子」。

主敵として登場するのがクモンガです。きちんと糸を吐くのはよいのですが、口から出すところはいただけません(ヤマシログモという口から糸を吐く種もいるにはいるのですが、クモンガとはちっとも似ていません)。「ウルトラセブン」にもグモンガという似た名前の眠たそうな目をした怪獣が出てきますが、本物のクモは瞳のない表情に欠けた眼をしているので、ゴジラ映画のクモンガのほうがリアルです。

『指輪物語』にはシェロブというクモの怪物が出てきます。映画では三作目の「ロード・オブ・ザ・リング／王の帰還」の前半でホビットたちに襲いかかり、ちゃんと腹部から糸を出して主役のフロドをぐるぐる巻きにしています。さすが作者のトールキンは大学教授だけあって、ここは正しくクモを描写できています。しかし、シェロブが腹部の先端にある毒針を使った攻撃を仕掛けてくるところは残念。ハチと混ざってしまっています。

「ハリー・ポッターと秘密の部屋」では、アラゴグというクモとその子たちが出てきます。このクモは社会性をもっていて、集団でハリーに襲いかかります。

クモ学者としてオススメは「スパイダー・パニック」です。化学物質の影響で巨大化したクモが田舎町に住む人を襲うという、他愛もないB級動物パニック映画なのですが、お話の骨格がしっかりしていて、この手の娯楽映画が好きな人なら楽しめます。

いやそれよりも、たくさんの種類のクモがそれぞれの特徴に合わせたやり方で活躍してくれるところが素晴らしいのです。巨大ハエトリグモが跳び回り、トタテグモは土の中から突然襲いかかってきます。他にもタランチュラやヤマシログモ、コモリグモ、タナグモの姿が確認できます。コガネグモが地面を走り回ってエサをとるような、現実にはありえないシーンもありますが、サービスしすぎの勇み足といったところでしょうか。

かのスティーブン・スピルバーグさえクモのパニック映画に携わったことがあります。製作総指揮を務めた「アラクノフォビア」です。大量発生した新種の猛毒グモと対決する主人公の医者の奮闘を描いています。「アラクノフォビア」とはクモ恐怖症の意味で、主人公が危機を通じてクモを怖れる気持ちを克服するという私的に素晴らしい展開を示す作品なのですが、クモが巨大化せず地味だったのが災いしたのか大ヒットとはいかなかったのが残念なところです。

まだまだある！　クモ映画

暴れるだけが能じゃありません。神話の世界では、クモに良いイメージと悪いイメージの二面性が見られたように、映画の世界でもクモが好感度の高い役回りを果たす作品はいくつもあります。

その頂点に立つのが、「スパイダーマン」です。アメコミのスーパーヒーローの中でももっとも高い人気を誇り、繰り返し映画化されているスパイダーマンが、クモのイメージアップに果たす役割は計り知れません。ところで、アメコミに出てくるクモをモチーフにしたキャラクターをすべて調べ上げた人がいます（立派な学術研究です）。その結果、全体の六一パーセントがヴィラン（いわゆる悪役）だったことがわかりました。逆にいうと、四割がヒーローなわけで、ここでも**クモのイメージの二面性が現れています。**

名作児童文学を映画化した「シャーロットのおくりもの」でも、クモは善良な存在です。タイトルロールのシャーロットは、人に食べられる運命を背負った子ブタの命を救う優しいクモなのです。「Charlotte A. Cavatica」が本名なのですが、オニグモの仲間に *Araneus cavaticus* という学名のクモがいるので、本物のクモの名前からとられた由緒正しい登場人物ということになります。

シャーロットは、子ブタのために網に糸で字を書いて奇跡を演出することで彼の命を救います。実際、クモの網にXやIの字に見える模様がつくことがあることを知っていれば、この作品をさらに面白く観る

「スパイダーマン™」

提供：ソニー・ピクチャーズ エンタテインメント

ことができるのは請け合いです。

メタファーとしてクモが出てくる作品もあります。牢獄に入れられた二人の間の会話劇、アカデミー作品賞にノミネートされた「蜘蛛女のキス」です。その中で語られる一つの物語に出てくるのがタイトルロールの蜘蛛女。自分の吐く糸に縛られて南の島に囚われになっています。とはいえ、この蜘蛛女は登場人物の間に芽生える愛の象徴的表現なので、生き物のクモとしてこれを見るというのは野暮かもしれません。だいたい劇中では人間の形をしています。

クモのいるところクモ学者あり。アンジェリーナ・ジョリー扮するCIA捜査官が主役の「ソルト」は、スパイアクション映画なのに、クモ学者が重要な役回りで登場する珍しい作品です。主人公アンジェリーナ・ジョリーの夫がクモ学者と聞いて、どんなに素敵な役柄でしょうかとワクワクして劇場に足を運んだものです。ところが、幕が開いてみると劇中での扱われ方があまりに悲惨。詳細はネタバレになるので割愛しますが、たとえばクモの知識を利用して世界の危機を華麗に救うなどの見せ場はゼロ。妻とのロマンチックなシーンも何もなく、君、いったい何しに出てきたの？　といわざるを得ません。映画の世界でのクモ学者の位置づけがわかろうというものでした。

閑話休題。もしもクモがいなかったら、ここであげたような神話も、文学も、遊びも、映画も、すべてが成り立たなくなるのです。ヒトはパンのみにて生くるにあらず。ウシがいなかったら人間はもちろん困り果てることでしょうが、クモがいなくなってもやはり困ってしまうにちがいありません。

クモにとっても不穏な未来

もしもクモがいなかったら。この想像は突飛（とっぴ）なものではありません。

クモは、二〇一九年五月の時点で世界中で四万八〇〇〇ほどの種類が知られている生き物です。この数字はちょっとしたもので、私たち人間が属しているほ乳類の約六〇〇〇種類と比べると、八倍ほども多様なクモがいることになります。そして正確にいうと、この比率はもっともっと大きいはずです。というのも、クモはこの三年間で二〇〇〇種類ほど増えているからです。どこかの国の経済よりよっぽど景気よく成長しています。

どうしてこんなに増えているのでしょう？

それは、この世にはまだ私たちが見たことのない未知のクモがたくさんいて、世界中のクモ学者が日々新しい種類を発見し、リストに加え続けているからです。三年で二〇〇〇種見つかったわけですから、一日あたり二種類のペースで見つかっていることになります。

一方の私たちほ乳類は、これまでにほとんど調べ尽くされていて、新種は滅多に発見されません。ですから、時間が経てば、種類数の差はどんどん開いていくのです。

では見つかっていない種類も含めるとクモは世界にどのくらいいるのか？　というと、ある推定では、少なくとも一二万種類はいるだろうということです。一日一種名前を覚えていっても三百三十年かかる計算なので、すべてのクモの名を諳(そら)んじようという野望は諦めたほうがよさそうです。

これほど地球で繁栄してきたクモですが、この先どうなるかはわかりません。

今、全生物界を覆う絶滅の危機はクモにも容赦なく襲いかかっており、世界のレッドリストを見ると、クモは一五〇種近くが絶滅危惧になっています。これは全体の一パーセントにも満たない数字なので、ほ乳類で絶滅危惧種の比率が二五パーセントにものぼることと比べると取るに足らないもののように見えます。

しかし、この低い数字は、単にクモの調査がほとんど進んでいないことからくるものです。昆虫の場合は、ここ数十年のうちに絶滅する危険がある種類が全体の四割にも上ることがわかってきました。クモにも人知れず同じ危機が訪れていてもまったく不思議はありません。そうでなくても、昆虫がいなくなれば、クモも生きてはいけません。ですから、クモの将来がどうなるか、少しも楽観はできないのです。

年間に世界中のクモが食べる虫の量は、全人類の体重に匹敵する

もしもクモがいなかったら。生態系の姿は大きく変わり、巡りめぐって間接的な影響を、私たちに及ぼすでしょう。なぜなら、**クモは陸上の生態系でもっとも量が多い捕食者**だからです。

地球全体に棲んでいるクモを全部集めて体重計に乗せてやれば、目盛りはおおよそ二五〇〇万トンほどのところをさすことでしょう。地球に棲む、人と家畜を除いたすべての野生ほ乳動物の全体重が四七〇〇万トンほどですから、クモはその約半分に相当するほどたくさんいるのです。またこれは、すべての鳥の体重二七〇〇万トンとほぼ同じです。

クモが一番たくさん棲んでいるのは森林で、草原や灌木林（かんぼく）にはその半分ほどの密度で、

農地や砂漠地帯にも一桁少ないとはいえ全体の三パーセントほどが暮らしています。

これだけのクモがエサを必要とします。その量を一年間積み上げていくと、その総量は莫大で、**クモは世界中で四億トンから八億トンのエサを食べている**と見積もられています。

あまりに大きな数ですぐにはピンときませんが、たとえば七〇億人いる人間の平均体重が五〇キログラム程度だとすると、全員合わせると、五〇キログラム×七〇億＝三五〇〇億キログラム＝三・五億トンになります。つまり、クモは毎年少なくとも、全人類に匹敵するだけの量を食べているわけです。

実際は、クモが食べているのはほとんどが昆虫です。昆虫の量は全体で一三億トンと見積もられているので、その三割から六割がクモによって食べられていることになります。

ということはつまり、もしもクモがいなくなれば、捕食者から自由になった昆虫が大幅に数を増やすことでしょう。その多くは植物を食べます。ですから、森林や草原では緑が失われ、農地では収穫できる作物の量が減るかもしれません。

実際、**農地では、クモがたくさんいると、農作物をエサとする昆虫が数を増やすスピードを抑えることができます。**このおかげで収穫量を高く保つことができるのです。クモが昆虫を食べることで直接数を減らすのが一因ですが、クモがいると昆虫が怖がって自由に振る舞うことができなくなってエサが食べられず、多くの子を残せなくなることも効果的です。

蚊をもっぱら食べるクモも知られています。血を吸った蚊をとくに狙うのです。蚊は様々な病気を運ぶ動物で、二〇一四年に東京で小規模な流行が起こったデング熱や、マラリアの運び手ですから、もしクモがいなくなったら、人間の健康にも影響が出る可能性があります。

わが家のクモがいなくなったら……？

自分の家はきちんと掃除しているからクモなんていない？　そんなことはないでしょう。アメリカで行われた調査では、家屋の中にいる節足動物の中で、一番種類が多いのがハエやカの仲間で、二番手として続くのがクモでした。ハエの中には私たちの食べ物をエサにするものがたくさんいますし、蚊にいたっては私たちそのものがごちそうです。ですから、人間に頼って暮らすハエや蚊が一番種類が豊富なのはよくわかります（とはいえ、ハエや蚊は必ずしも人間にとってありがたい動物ではありませんが）。

一方のクモは、人間に依存するわけでもないのに、なぜだか家の中にいろんな種類がいます。ですが、ほとんどの場合、人間に害をなすことはないので安心を。狩りをするための毒を持っているとはいえ、人間に効くものを持つ種類は稀ですし、病気を媒介することもありません。むしろクモの中には人知れずゴキブリやダニを食べてくれる種類もいます。

家の中にクモがたくさんいる証拠に、たとえば忙しくて掃除の手が行き届かなくなるとそこかしこに「クモの巣が張った」状態が現れます。クモは家の中で二番目に多い虫で、巣を張らないときでも、あとに糸を残しながら歩きます。ですから、人の手や掃除機が届きにくいような、家具と家具の間の隙間や照明器具と天井の間の空間が、いつのまにか糸でいっぱいになっているのは、ちっとも不思議ではありません。

こうなっているのを見つけたときでも「家が汚れている」といって慌てて糸を払う必要はないのです。というのは、**クモの糸にはどうやら細菌の繁殖を抑える効果があるらしい**ことが最近わかってきたからです。しかも、糸がたくさんになればなるほど効果が大きくなります。クモが家の中にいれば、掃除がしにくいようなところでも、細菌が増えないので衛生的です。

クモ糸は、抗菌作用はあってもほ乳類の細胞を損なうことはありません。この性質を利用して、傷ついた神経が再生しようと伸びていくときに、方向を正しく導くためのガイドラインとしてクモ糸を使ったり、からだに何かを移植するときにクモ糸のタンパク質で覆ってやって拒絶反応や感染症を避けたり、タンパク質で作った小さな小さなカプセル状の粒の中に薬を入れてからだの各部に届けたりする試みが始まっています。

やっぱり親愛なる隣人

ということで、もしもクモがいなくなったら、この世界は大きく様変わりしてしまいます。私たちの日常生活では、クモの存在が意識にのぼってくることはあまりないかもしれませんが、そこはやっぱり親愛なる隣人なのです。

私たち人間とはまったく違う進化の道筋を経てきたクモ。その生きる論理には、私たちと重なる部分も大きく違う部分も両方あります。

わかりあえることはないけれども、完全に異質というわけでもない。こういう存在が身近にいてくれるのは、とても素敵なことだと思います。

もしもクモがいない世界になったりしたら、それはつまらないものだ、と思いませんか？

あとがき

仕事がら、生き物を好きで大切に思ってくれる人が一人でも増えればよいなあ、といつも願っています。生き物の棲みやすい世界は、私たちにとってもよい世界だと思うからです。

私自身は小さい頃から、そこらの虫などをぼんやり眺めているのが好きで（採集して標本作って、というような好きを極める方向性とは無縁でしたが。まわりに教え導いてくれる人はいなかったですし、なにしろぼんやりしていたもので）、そうでない人がいる可能性には思いも至っていなかったのですが、少し知恵がついてくると、どうもこの認識は間違っているらしいことがわかってきます。不思議です。なぜ「生き物なんかどうでもよい」と思えるのか？

これにかぎらず、私にとって人間というのはどうにも不思議な生き物で、何を考えているのか、そばで見聞きしていても今ひとつよくわからない。子どもの頃は、ずっと首をひねっていました。

そんなわけで大学で進むべき専門を決めるときに、「生き物の生態や行動を知れば、人間のことが理解できるんじゃないかと思いまして」と助教授だったTさん（私の周囲では、教官のことを、教授、とか、先生、とか呼ぶと怒られたので、それにならってここでは「さん」付けです）に訴えたところ、「これはまた変なのが入って来たなあ」と評されました。そこでまた私は「？？？」です。あれ？　オレずれてるの？　ってことは、皆さん人間のことが不思議じゃないの？？

で、研究室に入ってみると、まわりの人は私とはケタ違いに生き物のことに詳しく、情熱的に生き物に向かい合っていて、その姿に圧倒されます。なるほどこれは人間のことを考えている暇はなさそうだ。ぼんやり生きていた私は、そんな皆さんに並び立とうという気持ちは早々に捨てて「まあいいや自分のやりたいことをしていよう」と思ったものです。

朱に交われば赤くなる。そんな私も研究を始めると、とくにクモに出会ってからは、どんどんディープな世界にはまり込んでいきます。本書でうまく表現できたか今も不安ですが、とにかくこの生き物は面白い。面白いから、見つけたことを学会で発表したり論文に書いたりが楽しくなります。

しかしそれはあくまで狭い学問の世界での話。専門家の中でぬくぬく暮らしているのはそれはそれでよいのですが、このまま残りの人生もそのまま行くつもり？　と最近は不安が頭をもたげてきました。いわゆる中年の危機です。

　そんな二〇一八年の七夕の日のことでした。大阪府の阪急電鉄水無瀬駅前にある、長谷川書店という町の本屋さんのまわりで開かれる一箱古本市が、折からの台風接近で中止になり、参加予定だった人たちが隣のインド料理屋さんに集まっていました。その本屋さんのことが私は大好きで、というか、自分の生活圏によい本屋があることは人生の幸福度を五割はアップしてくれると私は信じているわけですが、ともかく中止は残念だなあ、と言いながら、本来打ち上げになるはずの集まりに混じらせてもらいました。

　そこにたまたまミシマ社の方がおられたのです。で、私がクモの話を酔った勢いでペラペラしゃべったのを面白がってくれて、クモから見た人間、のような本を書きませんか？　という話になりました。なので、本書ができたキッカケはほとんど偶然のようなものです。ありがたい話です。

　これまでも本を書いたことはあったのですが、全部が専門家向け、または専門への入門的なもので、一方で、クモから見た人間、という本だと、自分の専門を踏み越えた内容にならざるをえません。迂闊なことを書くと同業者から白い目で見られるかも……少し怖気づきます。が、ここまで書いてきたような私の心の動きもあり、何より、生き物のことが好きで、生き物の味方になって、生き物のいる環境を大切にする人を、社会の中に増やしていかないと、もう世の中は回らない。こんな切迫感が近頃とみに増してきたこともあり、生き物と人との関係を近づけなくては、私にできるのは本を書くことかも、と、それでエイヤっと踏み切ることにしました。成功していればよいのですが。

こんな私をずっと後押ししてくれた編集の星野友里さん、ミシマ社代表の三島邦弘さんには感謝してもし過ぎることはありません。ありがとうございました。そして、いつも最初の読者で、そしてもっとも辛辣な読者であるところの、妻のみどりには、クモが庭中に網を張っている状況をずっと辛抱してくれていることも含めて、助かっています。ありがとう。二人の息子にもありがとう。お父さんが庭にイスを出してぼんやり座っているように見えるのは、あれは仕事だから。この本を読んだらわかるから。

クモを見ていると「何を考えているんだろう」と思います。人間を見ているときに考えているのと基本的に同じです。そこには、経験で変わり未来を予測する、柔軟で複雑な心があります。本当か？　と問い詰められると、うううと困ってしまうのですが、ともかく、眺めているとそう言いたくなる気持ちを抑えられません（動物行動学では、対象を人になぞらえて理解しようとするのは抑制的であるべきとされていて、私もその意味はよく理解できるのですが、一方で人間が世界を理解するやり方とはそういうものであろうとも思います）。本書のタイトルは、そんなクモの心を「イト」＝「意図」として表現しています。

もちろん「イト」は、クモの最大の特徴である「糸」でもあるわけです。糸を世界に張り巡らせる、心あるクモ。そんな二つの「イト」に満ちたこの世界を、健やかなまま息子の世代に受け渡せればな、この本がささやかでもその役に立てればな、と願っています。

中田兼介

二〇一九年八月二十三日
蜘蛛学会大会参加の道中にて

本書は書き下ろしです。

中田兼介（なかた・けんすけ）
1967年大阪生まれ。京都女子大学教授。専門は動物（主にクモ）の行動学や生態学。なんでも遺伝子を調べる時代に、目に見える現象を扱うことにこだわるローテク研究者。現在、日本動物行動学会発行の国際学術誌『Journal of Ethology』編集長。著書に『まちぶせるクモ』（共立出版）、『びっくり！おどろき！動物まるごと大図鑑』（ミネルヴァ書房）など。監修に『図解　なんかへんな生きもの』（ぬまがさワタリ著、光文社）。こっそりと薪ストーバー。

クモのイト

2019年 9月26日　初版第1刷発行
2019年11月26日　初版第2刷発行

著　者　中田兼介

発行者　三島邦弘
発行所　（株）ミシマ社
郵便番号　152-0035
東京都目黒区自由が丘2-6-13
電話　03（3724）5616
FAX　03（3724）5618
e-mail　hatena@mishimasha.com
URL　http://www.mishimasha.com/
振　替　00160-1-372976

ブックデザイン　佐藤亜沙美
カバー・本文イラスト　ミヤタチカ

印刷・製本　（株）シナノ
組　　版　（有）エヴリ・シンク

ISBN　978-4-909394-26-2

好評既刊

胎児のはなし

最相葉月、増﨑英明

経験していない人はいない。
なのに、誰も知らない「赤ん坊になる前」のこと。

超音波診断によって「胎児が見える」ように——。新時代の産婦人科界を牽引した「先生」に、生徒サイショーが妊娠・出産の「そもそも」から衝撃の科学的発見、最新医療のことまで全てを訊く。全人類（？）必読の一冊。

出産経験のある人も、ない人も、男性も——読んで楽しくて、ためになる！

ISBN 978-4-909394-17-0
1900円（価格税別）

好評既刊

脱・筋トレ思考

平尾 剛

ハイパフォーマンスを生む「しなやかさ」

筋トレ思考（＝勝利至上主義、過度な競争主義…）は、心身の感覚をバラバラにする!?
元ラグビー日本代表の著者が、自身の実感と科学的知見をもとに「学び・スポーツ」の未来を拓く、救いの書。

ISBN 978-4-909394-25-5
1800円（価格税別）

絶対に死ぬ私たちがこれだけは知っておきたい健康の話

「寝る・食う・動く」を整える

若林理砂

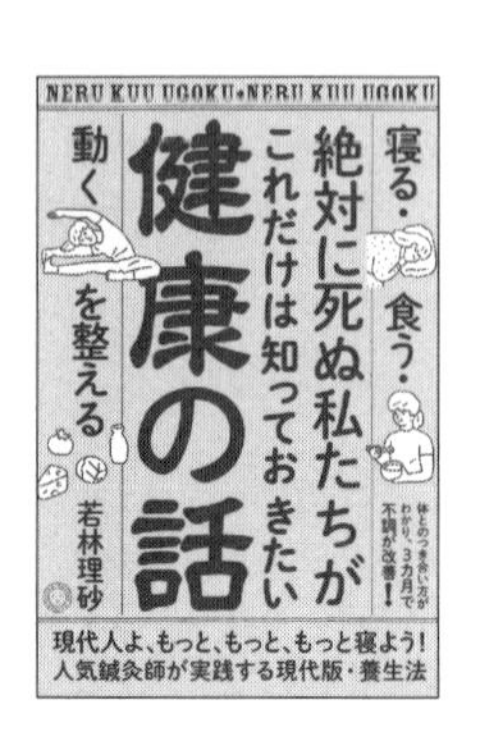

人気鍼灸師が実践する現代版・養生法

寝る時間は３重の締め切りを設定して死守する、食事の半分は野菜を食べる、運動は約７分のラジオ体操だけでいい…etc. 具体的なアドバイスが満載。

ISBN 978-4-909394-11-8
1600円（価格税別）